AF577846

PLAYBOOK

STRATEGIE-AKTIVIERUNG

PLAYBOOK

STRATEGIE-AKTIVIERUNG

Das Standardwerk zur Beschleunigung von Strategien und Transformationen für Strategen, Organisationsentwickler, Führungskräfte und Entscheider der neuen Generation

von Ansgar Thießen & Robert Wreschniok

Verlag Franz Vahlen,
München

#ACTION
#ACTION

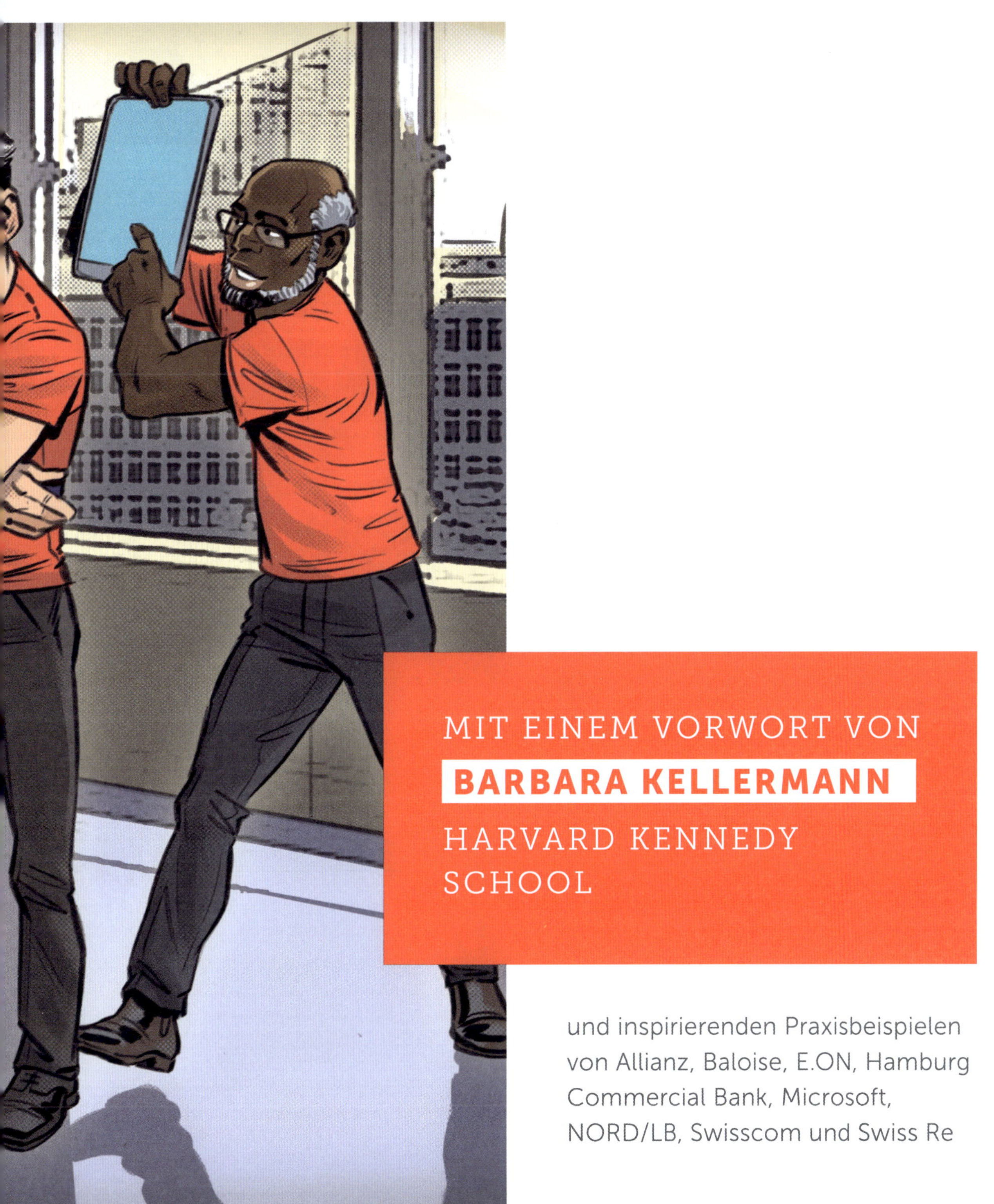

MIT EINEM VORWORT VON

BARBARA KELLERMANN

HARVARD KENNEDY SCHOOL

und inspirierenden Praxisbeispielen von Allianz, Baloise, E.ON, Hamburg Commercial Bank, Microsoft, NORD/LB, Swisscom und Swiss Re

Inhaltsverzeichnis

Strategie-Aktivierung in Großunternehmen – Vordenker einer neuen Generation

Ausblick

Das Genie des Wissenden ist wertlos ohne das Genie des Verstehenden.

Pablo Picasso

Vorwort
Über Anführer und ihre Anhänger

Barbara Kellermann
Harvard Kennedy School

Das Playbook Strategie-Aktivierung kommt zum richtigen Zeitpunkt, als Management-Handbuch ist es eigentlich schon überfällig. Lange Zeit lag das Hauptgewicht bei der Entwicklung von Gesellschaften, Industrien, Unternehmen oder Teams auf den jeweiligen Führungspersönlichkeiten und ihrer Vorgehensweise. Dieses Playbook wählt einen erfrischend neuen Ansatz. Es plädiert für Inklusion, für Beteiligung, kurz gesagt für die Aktivierung aller Menschen. Dies, um sie im Glauben an ein gemeinsames Ziel zu einen und so eine glänzende Zukunft zu gestalten. Ein solcher Perspektivwechsel – von den Anführern zu den Anhängern – ist tatsächlich ein Kernanliegen moderner Managementliteratur. Lassen Sie mich erklären, warum.

Die Vergangenheit

Die Geschichte der Anhängerschaft, also derjenigen, die uns folgen, ist nicht nett – weder in der Theorie noch in der Praxis. Den Großteil der menschlichen Geschichte hindurch lag das Interesse auf Anführern, nicht auf denjenigen, die nach ihnen kamen. Und dies hat sich in der Blütezeit der „Leadership Industry" auch nicht geändert – also in den letzten rund 40 Jahren, in denen zahllose Führungsakademien, Programme, Kurse, Workshops, Bücher, Artikel, Webinare, Videos, Konferenzen, Berater und Coaches wie Pilze aus dem Boden schossen, um den Menschen – in der Regel gegen bare Münze – beizubringen, wie Führung vermeintlich funktioniert.

Einige wenige Ausnahmen von dieser allgemeinen Regel gab es. So verlagerte sich bereits früher das Schwergewicht von den Anführern auf die Anhänger, als etwa in den 1950er- und 1960er-Jahren die Sozialwissenschaftler nach einer Erklärung dafür suchten, was in Deutschland während der Nazizeit geschehen war. Sie betrachteten dafür erstmals nicht nur die Führungsschicht, sondern auch die Bevölkerung gesamthaft.

Und dennoch: In den letzten Jahrzehnten war die Führungsbranche fixiert auf das Personal an der Spitze; diejenigen in der Mitte und am unteren Ende wurden kaum zur Kenntnis genommen.

Warum das so sein musste, war niemals so wirklich klar. Immerhin gilt allgemein als unumstritten, dass Führung eine Beziehung ist, zu der mindestens ein Führender und ein Geführter gehören. Dabei ist der Erstgenannte vollständig vom Letztgenannten abhängig. Ohne Anhänger keine Führerschaft. Führung kann es nur geben, wenn es eine Anhängerschaft gibt; keine Führer ohne Anhänger, kein „Leader" ohne seine Anhängerschaft. Das macht es umso erstaunlicher, dass Anhänger bei Führungsfragen dermaßen außer Acht gelassen wurden. Aber in der Führungsbranche geht es ja darum, Geld zu verdienen. Ein Teil des Problems dürfte demnach der fehlende Anreiz gewesen sein: Wir werden nicht dafür bezahlt – obwohl das eigentlich so sein sollte – den Menschen beizubringen, wie sie richtig folgen oder eben eine Anhängerschaft bilden.

Ein anderer Teil des Problems ist semantischer Natur. Schon das Wort „Anhängerschaft" impliziert Schwäche und Passivität. Der entgegengesetzte Begriff, „Führungspersönlichkeit" oder „Leader", lässt an das Gegenteil denken: Stärke, Erfolg, Bereitschaft zum Handeln, Aktivität und Kontrolle. Doch wenn wir uns die Zeit nehmen, das Wort „Anhängerschaft" zu definieren, löst sich das Problem in Luft auf. Ich finde die folgende Definition besonders hilfreich: Anhänger sind Untergebene, die weniger Macht, Autorität und Einfluss haben als ihre Vorgesetzten, und die sich deswegen meist, aber nicht ausnahmslos, in den Gesamtzusammenhang eingliedern.

Diese Definition von denjenigen, die mitmachen oder sich „dranhängen", hat zwei offensichtliche Vorteile: Zum einem ist sie klar – Anhänger sind durch ihren Rang definiert, nicht durch ihr Verhalten. Zum anderen macht sie deutlich, dass Anhänger – diejenigen weiter unten in der Hierarchie von Macht, Autorität und Einfluss – nicht unbedingt reine Mitläufer sein müssen. Meist schließen sie sich an, aber nicht notwendig immer.

Die Gegenwart

Dass die Anhängerschaft, wie ich sie definiere, nicht notwendig brav und folgsam ist, erscheint mir wichtig. Die Menschen heute fühlen sich freier als in der Vergangenheit, Autoritäten zu missachten, sich ihnen sogar zu widersetzen. Aus diesem Grund sind die Anführer in den letzten Jahrzehnten schwächer geworden und die Anhänger stärker. Autorität, die von der Position abhängig ist, hat an Status, an Bedeutung verloren. Deshalb garantiert eine höhere Stellung heute nicht mehr den gleichen Respekt wie früher und bringt nicht automatisch das gleiche Vertrauen mit sich. Diese Veränderung gilt offensichtlich nicht in gleichem Maße in Autokratien. Tatsächlich sind die meisten Autokraten in den letzten zehn Jahren autoritärer geworden aus dem gleichen, oben genannten Grund. Sie wissen sehr wohl, dass sie heute mehr Kontrolle benötigen als früher – Beispiele sind der türkische Präsident Recep Tayyip Erdogan oder Chinas Präsident Xi Jinping – weil sie heute deutlich stärker als früher Gefahr laufen, die Kontrolle zu verlieren.

Autorität, die von der Position abhängig ist, hat an Status, an Bedeutung verloren.

In den freiheitlichen Demokratien hingegen – von den USA über Großbritannien, von Chile über Ecuador bis Bolivien – sind die Anführer geschwächt und die Anhänger gestärkt worden. Diese Veränderung trifft den privaten und den öffentlichen Sektor gleichermaßen. Es ist keine höhere Mathematik: Die Zahl der Führungskräfte, die 2019 ihren Job aufgegeben haben, war die höchste in den fast zwei Jahrzehnten, seit die Trackingfirma Challenger entsprechende Daten erhebt. Ihr Chef erläutert: „Die Zahl der Führungskräfte, die 2019 ihren Rücktritt verkündet haben, ist erschütternd." Woran liegt es also, dass Führungskräfte ihre Positionen in Scharen aufgeben? Im Einzelnen mögen die Gründe vielfältig sein, aber ich würde doch vermuten, dass ganz oben auf der Liste die Anhängerschaft steht – Vorstände, Kunden, Klienten, Lieferanten, die Medien, Angestellte, die Öffentlichkeit. Sie alle haben den CEOs das Leben in jüngerer Zeit schwerer gemacht: Es ist deutlich anstrengender, deutlich weniger lohnend geworden – außer in finanzieller Hinsicht. CEOs haben immer noch, per Definition, eine Autoritätsstellung inne. Gleichzeitig gilt, dass ihre verantwortliche Stellung weniger Macht und Einfluss mit sich bringt als früher.

Daran wird deutlich, dass es als überholt gelten darf, Führungskräfte weiterhin so zu betrachten wie früher. Es reicht nicht länger aus, die Führungsrolle ausschließlich durch die Brille des Führenden zu sehen. Stattdessen gilt: Führerschaft muss heute als System wahrgenommen werden. Dabei besteht das System Führung aus drei Teilen: Jeder von ihnen ist gleich wichtig, und sie beeinflussen sich gegenseitig. Der erste Teil ist die Führungsperson, der zweite die Anhängerschaft und der dritte der Kontext, in dem sich Anführer und Anhänger notwendigerweise bewegen. Genau wie man die Bedeutung der Anhängerschaft niemals unterschätzen sollte, besonders heute, im dritten Jahrzehnt des 21. Jahrhunderts, darf man auch die Bedeutung des Kontextes niemals unterschätzen. Veränderungen in Kultur und Technik haben das Gleichgewicht an Macht und Einfluss zwischen Führern und Geführten dauerhaft verändert solange wir es nicht mit Zwang zu tun haben.

Man darf die Bedeutung des Kontextes niemals unterschätzen.

Die Zukunft

Ich bin Amerikanerin. Es möge mir daher fern liegen, die Bedeutung des Führers zu unterschätzen. Vier Jahre habe ich in einem Land unter der Führung von Präsident Donald Trump gelebt – eine lebhafte Erinnerung daran, dass die Führungspersönlichkeit eine Rolle spielt. Aber um das Phänomen Trump zu verstehen, darf man ihn nicht isoliert betrachten. Er muss zusammen mit seinen Anhängern gesehen werden. Und er muss im Kontext der Vereinigten Staaten von Amerika im Hier und Heute gesehen werden. Trump war ein Unruhestifter, zweifellos. Aber er hätte niemals so viel Unruhe verbreiten können ohne die Mitwirkung oder mindestens die Unterstützung seiner Anhänger – von ganz normalen Amerikanern, der viel beschworenen Trump-Basis, bis zu Republikanern im Senat, die sich während der gesamten Dauer seiner Präsidentschaft sklavisch loyal gaben. Seine Parteigenossen hätten diesen Mann ein Jahrzehnt früher niemals toleriert. Die Vereinigten Staaten von Amerika haben sich, kurz gesagt, verändert. 2016 war die politische Landschaft, die politische Kultur eine ganz andere als 2006. Amerika war ein deutlich stärker gespaltenes Land. Die Einkommensunterschiede hatten sich vergrößert. Der öffentliche Meinungsaustausch war härter und ruppiger geworden. Und Technologien, die ein Jahrzehnt zuvor gerade das Licht der Welt erblickt hatten, waren zu einer allgegenwärtigen, alles unterwandernden Realität geworden.

Es gibt Gründe, warum freiheitliche Demokratien – die Menschen und die Institutionen, die sie bevölkern – Führung und Management heute schwieriger finden als früher. So ist es beispielsweise kein Zufall, dass die Anzahl der Demokratien in den letzten zehn Jahren weltweit abgenommen hat, während die Zahl der Autokratien wächst. Freedom House hat es kürzlich, knapp und präzise, so ausgedrückt: „Pluralistische und demokratische Gesellschaften sind überall Angriffen ausgesetzt."

Wir müssen folglich aufpassen. Aufpassen auf unsere Anführer und unsere Anhänger, und auf die Kontexte, in denen sie sich bewegen. Im Rahmen dieses Aufsatzes sei mir zum Schluss die folgende warnende Bemerkung gestattet: Wenn Sie zu den Anführern gehören, achten Sie besser nicht nur auf sich, sondern ebenso auf Ihre

Anhänger, auf diejenigen, die Ihnen folgen. Auf Ihre Untergebenen, Ihre Angestellten, Ihre Wählerschaften, sogar auf Ihre Kollegen. Nur indem Sie weniger auf sich und mehr auf Ihr Umfeld achten, wird es Ihnen gelingen, im 21. Jahrhundert in einer Führungsposition erfolgreich zu bestehen. Die Kontexte verändern sich. Ihre Anhänger verändern sich. Wer in führender Position heute weiterhin so agiert wie in der Vergangenheit, geht ein hohes Risiko ein.

Wenn Sie als Führungsperson die geschilderten Vorstellungen von Ihrer Anhängerschaft teilen und wenn Sie einen wesentlichen Beitrag dazu leisten wollen, wie Organisationen künftig aufgebaut sind, dann ist das Playbook Strategie-Aktivierung ein Muss in Ihrem Bücherregal neben Werken zentraler Managementliteratur.

Prof. Dr. Barbara Kellermann
Cambridge (Massachusetts), im Juni 2022

Vorwort
Über Strategien und ihre Aktivierung

Die Entwicklung und das Wirksam-Machen von Unternehmensstrategien verändern sich grundlegend: Von der Formulierung von analytischen, oft verklausulierten Konzeptpapieren, die nur Wenigen zugänglich sind, hin zu einem gemeinsam erarbeiteten, nahe an der aktuellen Unternehmensrealität orientierten und gleichzeitig nach vorne gerichteten inspirierenden Zielbild.

Ansgar Thießen
Head COO Office
Swiss Re Corporate Solutions

Und auch die Art, wie Unternehmen Strategien in Aktion setzen, wandelt sich entsprechend: Bislang waren Strategien oft einzig und allein ein inhaltlich starkes Konzeptpapier mit vielen Fakten, logischen Argumenten, gestützt durch Studien und Analysen (z.B. durch Analysen von Investmentbanken oder Einschätzungen von Strategieberatungen). Das ist per se nicht falsch. Denn Strategien beschäftigen sich zweifelsohne mit dem Weg, den ein Unternehmen einschlagen möchte, um zu einem konkret formulierten, künftigen Zielbild zu gelangen. Und das wird letztlich gemessen am Geschäftserfolg, an finanziellen Kennzahlen und ökonomischem Wert.

Robert Wreschniok
CEO
TATIN Institute for Strategy Activation

Doch was, wenn dieser Weg einem ausgewählten Kreis exklusiv vorbehalten bleibt? Wenn Strategien nur von einer kleinen Gruppe verstanden werden, da sie in einer eigenen hochgradig abstrakten Sprache verklausuliert sind? Oder was, wenn Strategien in der Kommunikation auf hohle Phrasen reduziert werden? (Wer würde z. B. einer Strategie widersprechen, die sich der «Digitalisierung», einer «verstärkten Kundenorientierung» oder «beschleunigten Innovationszyklen» verschreibt?) Obwohl diese und ähnliche Worte durchaus Bedeutung haben, so ist der Deutungsraum doch so breit, dass es häufig großen Teilen der Belegschaft und des mittleren Managements schwerfällt, die postulierten Annahmen und Ziele mit der wahrgenommenen Unternehmensrealität in Einklang zu bringen – und sie konkret zu machen. Noch schwerer fällt es Teams und Mitarbeitenden, ihre eigene Arbeit auf sie zu beziehen.

Die Folge: Strategien bleiben dann nichts weiter als brillante Papiere für einen kleinen Kreis von Eingeweihten, die von einem mittleren Management interpretiert, gedeutet, ausgelegt werden mit einer rechten Bandbreite von erfolgreichen bis weniger erfolgreichen Ergebnissen.

Strategien als Schlüssel für Unternehmensentwicklung

Das vorliegende Playbook Strategie-Aktivierung hat den Anspruch, ein Managementbuch zu sein für Strategen, Organisationsentwickler und Führungskräfte einer neuen Generation. Es ist bewusst kein Plädoyer dafür, die Entwicklung von Strategien in Unternehmen einzudampfen – im Gegenteil. Strategie ist und bleibt der Schlüssel, aus der rein evolutionären Unternehmensentwicklung auszuscheren und neue Zielbilder schneller und präziser zu erreichen, untermauert durch finanzielle Ziele und Steuerungsmechanismen[1]. Vielmehr geht es darum, zu verhindern, dass der Weg von der Entwicklung bis zur Erreichung einer Strategie sich nicht unterwegs völlig verzweigt oder gar unterbrochen wird. Und das ist kein theoretisches Problem, wie empirische Untersuchungen und Erkenntnisse aus den Jahren unserer Arbeit mit Vorständen zeigen:

- Sieben von zehn strategischen Projekten oder Initiativen bleiben hinter ihren Erwartungen zurück (vgl. Bund Deutscher Unternehmensberater 2015) oder
- rund 60 % von Führungskräften sind nicht in der Lage, die eigene Strategie überzeugend einem Kollegen zu erklären (vgl. Monster 2016).
- Ebendies führt dazu, dass die Schere zwischen strategischem Anspruch und der Umsetzung im realen Unternehmensleben alarmierend hoch ist (vgl. McKinsey 2018).

All dies müsste nicht sein. Und so erkennen Unternehmen inzwischen für sich: Die Aktivierung von Strategien funktioniert dann, wenn es Führungskräften gelingt, abstrakte Ideen in ganz konkrete, emotionale Ziele zu verwandeln – und ihre Teams dafür zu begeistern. Eine Strategie lebt davon, dass Menschen an sie glauben und vor allem verstehen, wie sie einen persönlichen Beitrag zum gemeinsamen Erfolg leisten können. Für diese Unternehmen bemisst sich der Wert einer Strategie dann nicht mehr nur an ihren Umsatzzielen, sondern auch an der Zahl der Follower, die sie für diese Ziele gewinnen. Je mehr Stakeholder sie davon überzeugen können, dass ihre Strategie aufgehen wird, desto wertvoller wird sie.

Je mehr Stakeholder sie davon überzeugen können, dass ihre Strategie aufgehen wird, desto wertvoller wird sie.

Das Playbook Strategie-Aktivierung fasst zusammen, was wir in unserer Arbeit an und mit Großunternehmen und globalen Konzernen erlebt haben. Es wird ergänzt durch Diskurse und Dialoge der Future of Leadership Initiative – einer Gesprächsreihe mit erfahrenen Führungsleuten und Akademikern rund um das Thema Unternehmens- und Menschenführung. Neben dem konzeptionellen Rahmen, dem Strategy Activation Canvas, den wir im Playbook vorstellen, ergänzen wir zahlreiche Beispiele durch Führungskräfte der neuen Generation, die in ihrem Feld der Organisationsentwicklung hervorstechen.

Großen Dank bringen wir unseren Co-Autoren entgegen, denn Kaja Wilknië, Adrian Bucher, Jean-Philippe Courtois, Beat Knechtli, Frank Meyer, Sabine Pudsack, Oliver Stein, Ulrich Tennie und Tony White machen in ihren Fallstudien Strategie-Aktivierung auf eindrückliche Weise sichtbar.

Das Playbook Strategie-Aktivierung hat abschliessend nicht den Anspruch auf Vollständigkeit – im Gegenteil, es ist so konzipiert, unbedingt anschlussfähig zu sein an die starken und erprobten Mechanismen, mit denen viele Führungsleute bereits heute Strategiearbeit machen. Es ist damit ein Rahmen, ein Ideengeber, eine Logik bestehende Strategiearbeit sinnvoll und wertstiften zu ergänzen.

Wir wünschen dir nicht nur Freude und Inspiration bei der Lektüre, sondern vor allem eine aufgefrischte Strategiearbeit, die dein eigenes Unternehmen oder Umfeld fundamental verändern wird – und du damit eure Zukunft aktiv und mit grösstmöglicher Wertstiftung gestaltest.

Dr. Ansgar Thießen & Robert Wreschniok
Zürich & München, im Juni 2022

You don't have to be great to start, but you have to start to be great.

Zig Ziglar

Abbildung 1: Auschnitt eines Big Pictures zur Vision der Generation Y über die Zukunft der Welt, TATIN Institute 2022

EINLEITUNG

Why is the global proportion of employees who are engaged in their work so low?

There are many potential reasons – but resistance to change is a common underlying theme.

Gallup: State of the global Workplace

Einleitung
Wandel in Unternehmen als soziale Bewegung

„Es läuft etwas schief in den heutigen Organisationen." So direkt und nicht minder versteckt beschreibt Frederic Laloux in seinem Werk „Reinventing Organisation" (vgl. Laloux 2016) eine Realität, die auch wir vielerorts in unserer Arbeit mit Unternehmen vorgefunden haben: eine Überforderung von zu vielen Zielen (und Zielkonflikten), eine Frustration über unsinnige Politik und Befindlichkeiten, ein Rückgang von Engagement oder gar eine Lethargie gegenüber Veränderungsinitiativen. Und vor allem ein System von „kommandieren und kontrollieren" d.h. das ständige Schaffen für einen Vorgesetzten oder einen Steuerungsausschuss. Das Ganze in einem Umfeld von zahllosen E-Mails, Meetings oder PowerPoint-Präsentationen, Pre-Reads, Action-Logs und Abstimmungs-Calls.

Ein überzeichnetes Bild? Keineswegs, dies zeigen inzwischen globale Studien wie die von Gallup („State of the global workplace" 2017) und weisen auf eine Unzufriedenheit in grossen Teilen der Mitarbeitenden hin – begleitet von einer Inspirationslosigkeit vor allem des mittleren Managements. Mit verheerenden Folgen, denn stagnierendes Engagement hat, so Gallup, finanziell sichtbare Konsequenzen für den Geschäftserfolg (vgl. o.V. 2017). Laloux setzt dem etwas entgegen und beschreibt eindrücklich die Evolution von bis heute vorherrschenden konformistischen und leistungsorientierten Organisationen, hin zu pluralistischen und sogar evolutionären Weltbildern für die Organisation von Arbeit (nicht von Menschen).

Im Kern dieser Evolution steht die Sicht auf Organisationen als lebendige Systeme – als soziale Bewegungen von Menschen, die dann ihr volles Potenzial entfalten, wenn sie frei entscheiden können und das System doch ganzheitlich zusammengehalten wird. Möglich wird dies u.a. durch verteilte Autorität, Kollektivintelligenz, das Einbringen seiner selbst in die Arbeit oder anstelle eine Zukunft vorherzusagen und sich daran zu orientieren, ein sich vielmehr durch eine gemeinsame Bestimmung leiten zu lassen.

Utopie?

Auch dies keineswegs – so hat es inzwischen eindrückliche Beispiele von Unternehmen, die derartige Organisationsformen praktizieren und die zeigen, wie Menschen sinn- und wertstiftend zusammenarbeiten können (vgl. Laloux 2016).

Ganz ähnlich argumentiert Aaron Dignan in seiner Beschreibung der „Brave New Work" (2019) – fast eine logische Fortsetzung der Arbeiten von Laloux. Eindrücklich beginnt Dignan mit dem Bild des Vergleichs zwischen Ampeln und Kreisverkehren: Während Ampeln den Verkehr klar regeln und dem Verkehrsteilnehmer die gedankliche Arbeit vollständig abnehmen, so sind Kreisverkehre das genaue Gegenteil: Der Verkehr bleibt im Fluss, fordert aber auch das grösste Engagement und Entscheiden vom Verkehrsteilnehmer ein.

Das Verblüffende: Die Anzahl Unfälle liegt bei Ampeln signifikant höher und der Verkehrsfluss übersteigt bei Kreisverkehren den von Ampeln um ein Vielfaches. Dignan argumentiert, dass Unternehmen heute schlicht das falsche Betriebssystem haben siehe Kapitel ➔ Baloise Group: Emotionen, Menschen und Netzwerke – nicht Prozess und Hierachien: Brillante Köpfe und kreative Ideen werden von Regeln und starren Organisationsgrenzen im Keim erstickt oder verlieren mittelfristig an Wirksamkeit. Entsprechend proklamiert er den Wandel von „Control Inc." hin zu „Emergent Inc." d.h. vom Prototypen des Befehlens und Kontrollierens zu Organisationen als lebendiger Organismus. Das Besondere an seinen Ausführungen: Dignan bezieht dies auch auf das Vorgehen im Wandel, d.h. Change als emergenten und den Menschen ins Zentrum stellenden – und vollständig beteiligenden – Lernprozess, der immer wieder neu ausgehandelt wird.

Die Corona-Krise von 2020 hat etwas Interessantes bewirkt: Sie hat uns vielerorts aus den Büroräumen gedrängt. „New Work" ist damit gewissermassen eine Anschlussideologie jener konformistischen Organisationssysteme. Denn mit einem Mal ist ein Miteinander entfernt voneinander, asynchron, mit Vertrauensarbeitszeit oder dem Messen an Ergebnissen notwendig geworden – eine Realität, mit denen sich Organisationsentwickler, HR-Verantwortliche oder Führungskräfte derzeit stark auseinandersetzen. Gelernte Mechanismen haben fast über Nacht an Wirksamkeit verloren – diese gilt es, nun sinnvoll neu zu gestalten.

Die Arbeiten von Otto Scharmer „From ego-system to eco system economies" (vgl. Scharmer 2013) wirken damit fast schon vorausschauend, denn er zeigt – ebenfalls von einem systemischen Menschenbild argumentierend – dass Organisationsentwicklung auf eine Zukunft reagieren muss, die eben nicht mehr klar vorhersehbar ist.

Ähnlich wie Laloux und Dignan weist auch Scharmer darauf hin: Die vorherrschende Managementrealität unterliegt einem ökonomischen Imperativ und manifestiert etwas, das er als Ego-System umreisst. Dem gegenüber steht jedoch eine Zukunft, die vernetzt, evolutionär, ganzheitlich, gelegentlich sogar irrational (vgl. hierzu die Arbeiten des Nobelpreisträgers Daniel Kahnemann) ist – also den Gesetzmässigkeiten eines Eco-Systems unterliegt. Dies zu überwinden ist eine der zentralen Herausforderungen der Organisationsentwicklung und damit der Führungspersönlichkeiten in Unternehmen.

Was dies für Unternehmen in der Strategieentwicklung bedeuten kann, haben Kim & Mauborgne schon vor vielen Jahren in ihrer Idee der „Blue Ocean Strategy" (vgl. Kim u.a. 2005) gezeigt: Nicht die Optimierung einer Unternehmensstrategie in festen Denkstrukturen, d.h. existierenden Märkten, bekannten Systemen, dem Bedienen ei-

How to respond to the current waves of disruptive change from a deep place that connects us to the emerging future rather than by reacting against the patterns of the past, which usually means perpetuating them.

Otto Scharmer: From ego-system to eco system economies.

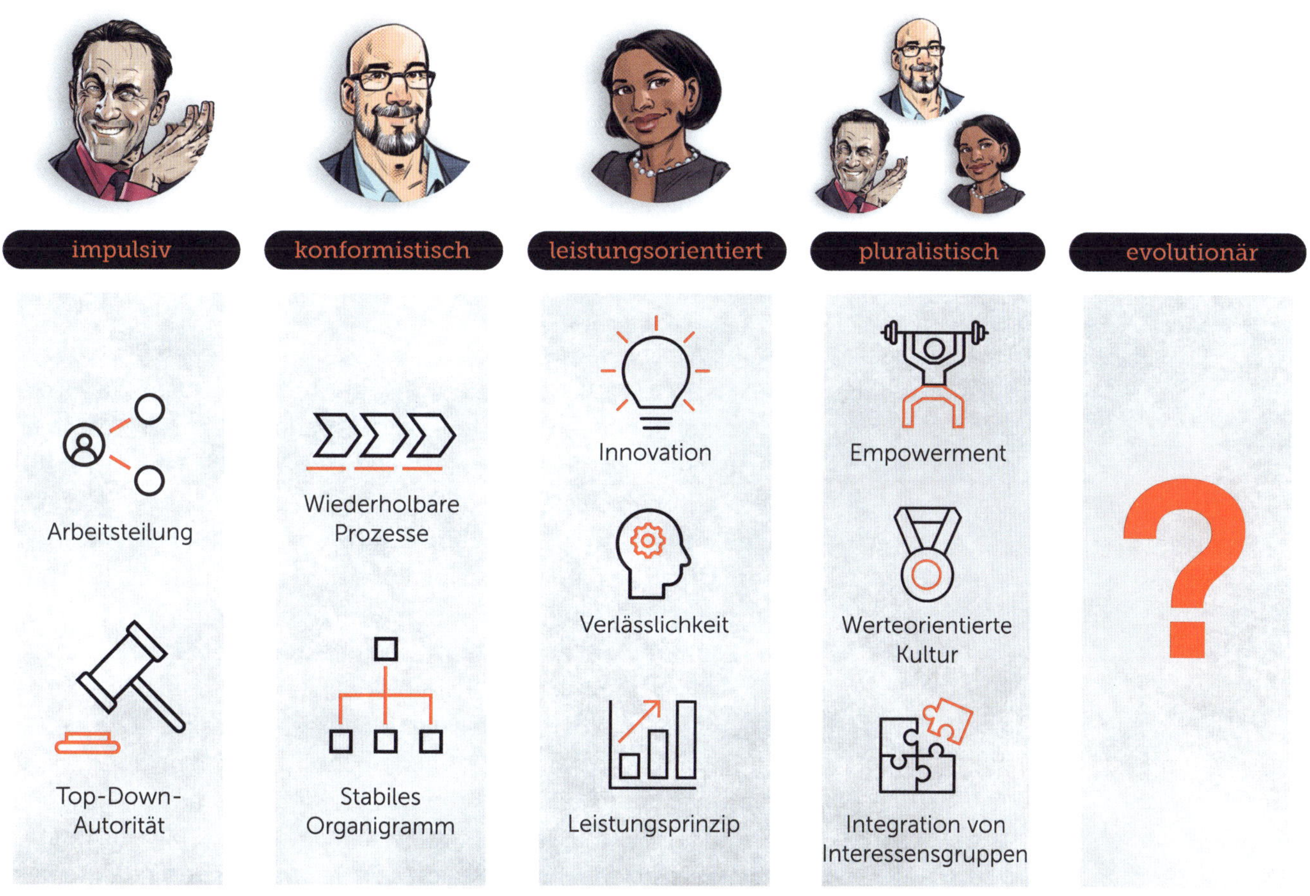

Abbildung 2: Evolution von Organisationen nach Laloux, 2016

nes bestehenden Bedürfnisses etc., ist ein Beschleuniger unternehmerischen Erfolgs – sondern das Betrachten des Gesamtsystems. Erst mit dem Einnehmen einer systemischen Perspektive auf die Unternehmensrealität kann ich strategisch entscheiden, wo ich diese bewusst durchbreche und mich so differenziere, nach Kim & Mauborgne eben den Sprung aus dem „roten Ozean" in den „blauen Ozean" schaffe – mit dem Ergebnis, dass Wettbewerb letztlich irrelevant wird.

Marcus Buckingham und Ashley Goodall sind es schliesslich, die in ihren neun Lügen über das Arbeitsleben (vgl. Goodall u.a. 2019) in einem Rundumschlag aufräumen mit vorherrschenden Annahmen in Grossunternehmen. So zeigen sie z.B. auf, dass Unternehmen sich gerne auf die Fahnen schreiben, Menschen bleiben wegen ihrer einzigartigen Kultur – doch am Ende sind es fast so viele Gründe wie Arbeitnehmer, warum man einem Unternehmen treu bleibt. Oder die Annahme, dass der beste Plan, die beste Strategie gewinnen wird. Doch Pläne helfen am Ende „nur", ein Problem zu erfassen – nicht es zu lösen. D.h., Lösungswege lassen sich nicht in Plänen finden, sondern in der Kreativität derer, die sie lösen. Oder die Annahme, dass Ziele vorzugeben und herunterzubrechen hilft, Alignment zu schaffen. Doch damit Ziele sinnstiftend sind und motivieren, ist genau das umgekehrte notwendig: Sie müssen von innen heraus d.h. von Mitarbeitenden selbst durchdacht und formuliert sein. Mitarbeitende sind durchaus in der Lage, ihre eigenen Ziele im Sinne der Firma zu setzen. Kurzum, Buckingham und Goodall zeigen, dass vorherrschende Annahmen und Mechanismen wie Zielvorgaben, die vermeintliche Wichtigkeit von Feedback, von Plänen oder von Mitarbeiterpotenzialen zumindest hinterfragt werden müssen (vgl. Buckingham u.a. 2019).

Erst mit dem Einnehmen einer systemischen Perspektive auf die Unternehmensrealität kann ich strategisch entscheiden...

Abbildung 3: Die Change Falle. Sich um sich selbst drehen bringt einen nicht nach vorne, TATIN Institute 2022

Worauf wollen wir hinaus: Die von der Change-Literatur lange prägenden Arbeiten rund um die Schule von Kotter (vgl. dazu Kotter, John P. 2007), bei der Transformationen und Strategieumsetzungen in Unternehmen wie ein zweites „Betriebssystem" aufgebaut werden, wollen wir mit diesem Playbook neu denken und ergänzen. Wir verstehen Unternehmen als soziale Bewegung – und jegliche Veränderung in ihnen eben auch. Mit dem Playbook Strategie-Aktivierung zeigen wir, dass Change keine top-down vorhergedachte Zukunft sein muss, die dann mithilfe planbarer und weise orchestrierter Mechanismen gesteuert wird. Wir ergänzen vielmehr die Sicht, dass Change nach innen gerichtet sein muss, dadurch, dass wir Veränderung nach vorne richten. Damit hinterfragen wir eine Nabelschau des „ich sage dir, wie du dich zu verändern hast" und stellen dem entgegen: „Dies ist die gemeinsame Idee und so könnte man sie erleben – wie kommen deine Kompetenzen, Netzwerke und Erfahrungen dafür zum Tragen?" Kurzum: „Wie können wir uns als Menschen einbringen, um (funktionsübergreifend) unsere gemeinsame Bestimmung auszugestalten?"

Playbook Strategie-Aktivierung

Das Playbook Strategie-Aktivierung hat den Anspruch, einen Managementansatz bereitzustellen, der dieser neuen Unternehmensrealität gerecht wird. Es soll so Führungskräften etwas an die Hand geben, mit denen sie Strategien unter den Dynamiken sozialer Systeme und in einer sich ständig wandelnden Zukunft gleichwohl kraftvoll zu gestalten. Es ergänzt dabei vorhandene Systematiken, Strategien und Geschäftsmodelle zu entwickeln (vgl. z.B. den „Business Model Canvas" von Osterwalder & Pigneur, 2011), d.h. es aktiviert vorhandene Strategien (und definiert sie nicht). Es ist damit ein Anschlusswerk an die Strategieentwicklung und schlägt die Brücke zur Managementliteratur der Veränderung, indem es hier eine deutliche Erweiterung vornimmt: Das Playbook proklamiert einen Ansatz, bei dem Menschen in Organisationen Strategien nicht einfach nur am eigenen Leib erfahren, sondern sie selbst zum Motor der Strategie werden. Der im Playbook vorgestellte Ansatz schafft damit eine unternehmerische Lebendigkeit, die sich mit keiner Roadshow, Townhall oder anderen bekannten Change-/Kommunikations-Mechanismen auch nur annähernd erreichen lässt – mit dem klaren Anspruch des Sicht- und Erlebbarmachens einer Strategie.

Das Playbook proklamiert einen Ansatz, bei dem Menschen in Organisationen Strategien nicht einfach nur am eigenen Leib erfahren, sondern sie selbst zum Motor der Strategie werden.

Einleitung
Sozialdynamiken, die Strategieumsetzung verhindern

Als wir begonnen haben, uns mit dem Thema Strategie-Aktivierung zu beschäftigen, waren wir fast allein auf weiter Flur. Wir hatten Einblicken in zahlreiche Unternehmen und Führungsetagen und waren doch ständig unzufrieden mit den Antworten, die wir erhielten, warum Teams, Geschäftsbereiche, Segmente, Funktionen oder ganze Unternehmen sich so schwertun, Strategien über die Chefetagen hinaus mit Leben zu füllen. Doch je mehr wir uns dann mit den Dynamiken sozialer Bewegungen und Organisationsformen beschäftigt haben, desto häufiger stiessen wir auf Organisationen, die genau dies auf eindrückliche Weise zeigen: zigtausende Menschen für einen neuen Weg begeistern und dies fast vollständig an der gängigen Managementlehre vorbei (siehe hierzu ein globales Beispiel im Kapitel ➔ Microsoft: Die Relevanz einer neuen Ära mitgestalten – Microsofts strategischen Kern weltweit aktivieren). Was also unterscheiden diese zwei Typ Organisationen – also die, die sich so schwertun, und die, die so stark darin sind – voneinander?

Wir waren zunächst einmal erstaunt – im Jahr 2017 werden allein in Deutschland rund 7,5 Milliarden Euro für Strategieberatung ausgegeben (vgl. Bundesverband Deutscher Unternehmensberater, 2018). Global sind es sage und schreibe 160 Milliarden US-Dollar – und der Markt gilt als klar wachsend (vgl. Statista Research 2021). Der Bedarf nach Ratschlag in der Strategiephase und Unterstützung in der Umsetzung ist, so scheint es, immens. Und mit erodierenden Märkten, sich überschlagenden neuen Technologien, kaum mehr abzugrenzenden Märkten oder verschwimmenden Kundensegmenten usf. ist dies auch nachvollziehbar. Was aber noch mehr erstaunt, ist, dass rund 70 % der Strategieprojekte nicht oder nur in geringem Masse die Erwartungen erfüllen. 67 % verfehlen sogar vollständig ihr Ziel. Kein Wunder also, dass nur 14 % der CEOs ihr Unternehmen als effektiv einstufen, wenn es um die Implementierung neuer Strategien geht (vgl. Ewenstein, Smith & Sologar 2015 sowie Ernst & Young

2019). Und das verwundert dann wirklich. Auf der einen Seite passiert Strategiearbeit die – und auch das haben wir gesehen – oftmals genial durchdacht ist, absolut Sinn hat, sich wie eine Blaupause für die Zukunft liest. Auf der anderen Seite kommt sie dort, wo sie passieren, soll zum Erliegen oder liefert zumindest nicht das erhoffte Ergebnis. Unsere Antwort auf die Frage, warum eine Strategie-Aktivierung so schwierig ist, ist die der Sozialdynamiken. So sind es selten die Strategien an sich oder die Analysen und Argumente, die zu ihr geführt haben, es ist vielmehr...

- eine Führungsmannschaft, die die Strategie nicht oder nur in Teilen/Ausschnitten kennt...
- ... und so das Gesamtbild und dessen Kontext nicht versteht.
- Es sind Mitarbeitende, die in erster Linie damit beschäftigt sind, die eigene Funktion, das eigene Team zu optimieren (auch in Transformationssituationen).
- Es ist ein vorherrschendes Mindset, in vielem ein „Das wird nicht funktionieren, weil..." zu sehen oder...
- ... es sind Mitarbeitende, die bereits beim Begriff „Change" mental aussteigen und bei neuen Vorhaben nur vordergründig mitziehen.

Dies sind unsere Beobachtungen und Reflektionen aus jahrzehntelanger Beratungsarbeit – ergänzen wir dies nun einmal mit Zahlen: Was sind denn eigentlich messbare „Sozialdynamiken", die einer erfolgreichen Aktivierung im Weg stehen? Wir haben dies in vier sogenannten Gaps, also Differenzen zwischen Anspruch und Wirklichkeit, zusammengefasst.

Alignment Gap

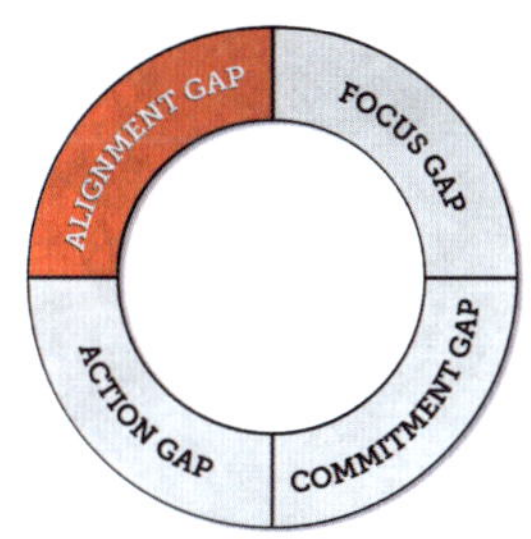

Rund zwei Drittel der Manager sind nicht in der Lage, die eigene Geschäftsstrategie präzise zu erläutern (vgl. Bradley, Hirt & Smit 2018). In ihrem Werk „Strategy beyond the hockey stick" zeigen Bradley, Hirt & Smit, in welchem Dilemma die Führungsetagen grosser Konzerne oft stecken: Wenn bereits die eigene Führungsmannschaft nicht klar artikulieren kann, wohin die Reise geht, wie lassen sich dann Geschäftseinheiten, Teams oder einzelne Mitarbeitende für einen Weg begeistern?
Umgekehrt bedeutet, dass rund ein Drittel von Führungskräften nicht einmal ein Bewusstsein für das Neue hat – ein Drittel der vermeintlichen Top-Leute einer Unternehmung navigiert damit komfortabel im Status quo.

Der Alignment Gap beschreibt also eine Kluft zwischen Strategieverständnis innerhalb der Führungsmannschaft und zwischen Führungsteam und Mitarbeitenden.

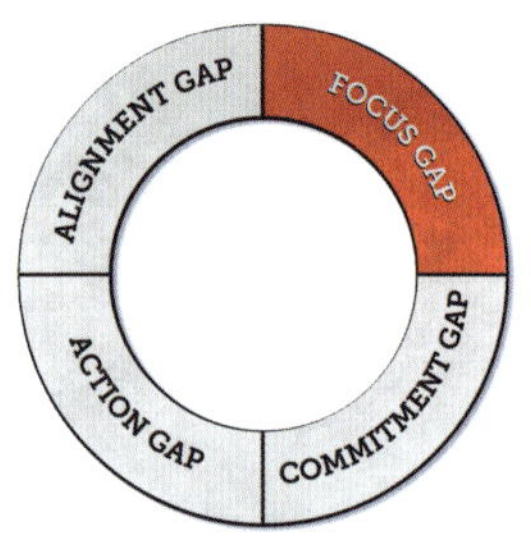

Focus Gap

Die zweite Lücke, die wir beobachten, ist ein mangelnder Kontext und gleichzeitig ein mangelnder Fokus. Unternehmen starten eine Initiative nach der anderen – alle sind wichtig, alle laufen mehr oder weniger parallel. Und die Tatsache, dass Unternehmen typischerweise in Funktionseinheiten mit Experten organisiert sind (ca. 78 %), fördert eine gewisse Expertensicht auf Problemstellungen (vgl. Bradley, Hirt & Smit 2018)[2]. D.h., Markteinheiten betrachten die Zukunft aus der Brille des Wachstums, Operations aus der Brille von Prozessen, die dafür nötig sind, IT aus der der Systeme, HR aus der der Fähigkeiten und Ressourcen usw.

Wenn überhaupt – denn die meisten sind bereits voll damit beschäftigt, den Status quo am Laufen zu halten. Allein aufgrund ihrer Organisationsstruktur fällt es vielen Unternehmen also schwer, Themen holistisch und fach-/funktionsübergreifend zu erfassen und dann auch zu lösen. Ein „Fokus" auf zu viele Prioritäten führt unweigerlich zu einem Einbrechen der Kraft, einer Strategie zum Erfolg zu verhelfen (vgl. hierzu auch Anand & Barsoux 2017). Gleichzeitig fehlt das Wissen, wie all die Initiativen letztlich zusammenhängen. Der Focus Gap beschreibt damit die Kluft zwischen einem klar umrissenen Nordstern und der zusammenhängenden Projekt-/Initiativen-Realität im Arbeitsalltag.

Commitment Gap

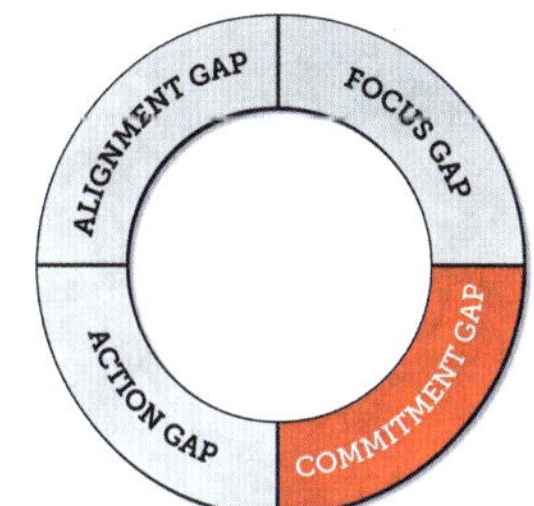

77 % von Unternehmen[3] geben an, in Teilen eine Kultur „destruktiver Kritik" zu haben (vgl. Hays 2015/2016). Umgekehrt zeigen die Kulturexperten von Human Synergistics in einer Studie von 740 australischen und neuseeländischen Unternehmen, dass Unternehmen mit konstruktiven Kulturen 64 % höhere Motivation ihrer Mitarbeitenden erreichen als ihre Peers, 32 % höhere Zufriedenheit, 24 % bessere Zusammenarbeit und beeindruckende 86 % bessere Zusammenarbeit zwischen Funktionssilos. Derartige Organisationen werden zudem als 54 % mehr anpassungsfähig an sich verändernde äussere Umstände gesehen (vgl. o.V. „Organisational Culture: Beyond Employee Engagement"). In der gleichen Studie zeigen die Kulturexperten für die o.g. Unternehmen, dass weit über die Hälfte der untersuchten Firmen insgesamt unter dem globalen Durchschnitt derjenigen Unternehmen liegen, welche in der globalen Erhebungsdatenbank in Bezug auf Kultur vermessen wurden.

Kurzum: Destruktive Kulturen erschweren ein Engagement der Mitarbeitenden gegenüber dem Gestalten eines neuen Zielbildes. Damit beschreibt der Commitment Gap die Kluft zwischen notwendigem Engagement und der Unternehmensrealität in Bezug auf vorherrschendes Verhalten und Kultur.

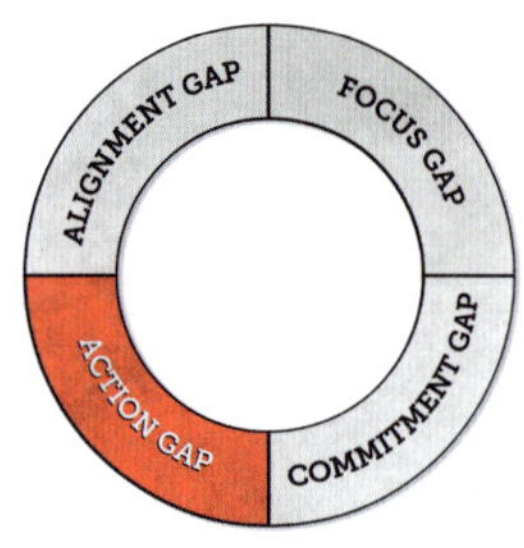

Action Gap

80 % der Mitarbeitenden in Unternehmen haben gegenüber „Change" persönliche oder sachliche Vorbehalte. 15 % leisten sogar aktiv Widerstand (vgl. Mohr, Woehe & Diebold 1998). Während das Vorhaben, Unternehmen in die Zukunft zu führen, zunächst noch plausibel und durchaus begrüssenswert tönt, so hört es dann schnell auf, wenn es darum geht, sein eigenes Handeln daran anzupassen.

Einen der Gründe dafür sehen wir in der vorherrschenden Meinung, dass Veränderungen à la Kotter gleichzeitig mit einer Change-Organisation einhergehen müssen (vgl. Kotter 2018 oder auch Lewin 1947). Doch das ist oftmals gar nicht oder nur teilweise notwendig. Schon das bewusste Neuausrichten bereits laufender Projekte und Initiativen kann erreichen, dass Mitarbeitende aktiv an einem Strang ziehen. Und dennoch: In vielen Unternehmen wird Change, so scheint es, abgetan als nervig, unnötig, vom Tagesgeschäft ablenkend – und bezogen auf das eigene Handeln als etwas, das hoffentlich bald wieder vorübergeht, um sich seinem „business as usual" wieder zuwenden zu können.

Abbildung 4: Who wants to change nach School for Change Agents 2018

Sozialdynamiken nutzen

Strategie-Aktivierung setzt genau hier an und kann verstanden werden als ein kluger Umgang mit den oben beschriebenen Sozialdynamiken:

- Durch das Sicherstellen, dass all diejenigen, die für eine Strategie wichtig sind, glasklar die Strategie und ihr „Warum" verstehen;
- durch das Schaffen eines klar umrissenen Fokus und das Aufzeigen von Zusammenhängen sowie durch das Bereitstellen einer einfachen, emotionalen und visuellen Geschichte;
- durch das Wertschätzen persönlicher Erfahrungen und Stärken, um einen eindeutig nachvollziehbaren persönlichen Bezug zu ermöglichen: was ist meine ganz persönliche Rolle, mein eigener Beitrag für die neue Strategie, sowie
- durch das Sichtbarmachen ebendieses Bezugs durch konkrete und über die Grenzen des eigenen Teams hinweg gestaltetes Arbeiten an den gemeinsamen strategischen Zielen.

Das im Kern ist Strategie-Aktivierung.

DIE 4 HEBEL DER STRATEGIE-AKTIVIERUNG

ALIGNMENT	Die Menschen, die der Schlüssel für den zukünftigen strategischen Erfolg sind, VERSTEHEN DAS WARUM (machen wir das) UND WAS (wollen wir konkret erreichen) DER STRATEGIE.
FOCUS	Führungskräfte und Mitarbeiter*innen KENNEN die neue Strategie UND WISSEN, wie sie sich in das „Big Picture" einfügt.
COMMITMENT	Führungskräfte und Mitarbeiter*innen wissen, wie sie sich auf persönlicher und team-Ebene EINBRINGEN können.
ACTION	Führungskräfte und Mitarbeiter*innen konzentrieren sich auf ihre Stärken und Erfahrungen, um die Umsetzung der Strategie zu BESCHLEUNIGEN.

Abbildung 5: Die vier Hebel der Strategie-Aktivierung, TATIN Institute 2022

Einleitung
Dieses Buch ist für...

Dich in erster Linie. Du hast es empfohlen bekommen, zufällig entdeckt, es war ein Geschenk oder ein bewusster Kauf – egal wie, es wird deine Sicht auf Strategie- und Organisationsentwicklung verändern. Du hast ein Buch in den Händen, an dem Führungskräfte, Strategen, HR- und Kulturprofis, Berater, Wissenschaftler und Designer aktiv mitgestaltet haben, du darfst dich also auf starke Impulse und Ideen freuen. Ganz besonders ist dieses Buch für...

„Spieler"

Denn es ist ein „Playbook", d.h. eine Anleitung zum Spielen und Ausprobieren. Es hat bewusst keinen Anfang und kein Ende, keinen Verlauf von A bis Z. Es ist vielmehr ein Arbeitsbuch mit erprobten Mechaniken, mit Fallbeispielen, mit Elementen, die sich modular zusammensetzen und wieder auseinandernehmen lassen. Das Playbook soll so Anstoss sein zur Diskussion, ein Impuls zur vertieften Auseinandersetzung in deinem (Führungs-)Team, zum Hinterfragen und vor allem zum Aufbrechen vorhandener Arbeitsweisen. Es ist ein loses Manuskript, was einerseits Halt gibt und Anleitung sein kann, Strategie- und Organisationsarbeit zu systematisieren. Es ist andererseits ein Spielplan, der als Referenz dienen soll – für einzelne Spielzüge oder für das grosse Ganze. Je nachdem, wo du und dein Team sich gerade im Spielfeld bewegen.

Beispiel ➔ Microsoft: Die Relevanz einer neuen Ära mitgestalten
Beispiel ➔ Swisscom: Spielerisch, interaktiv und witzig: „Mach mit" bei Swisscom

Dieses Buch ist damit genau für diejenigen, die Strategiearbeit spielerisch gestalten, die von Vergangenem lernen und in die Zukunft einbauen, für die die neue Dinge ausprobieren, die Wagnisse eingehen und sich gleichsam an Standards halten und diese dann bewusst zu brechen und neu zu definieren.

„First Followers"

Für den Beginn eines grossen Wandels ist nicht unbedingt die Führungskraft entscheidend, die den Anstoss gab – sondern ihr sogenannter „First Follower" – also derjenige, der dem Impuls-Geber als Erster folgt. Diese Unterscheidung ist wichtig – denn als Führungskraft ist man oft qua Rolle und Position in Unternehmen anerkannter als jemand, der einen Weg nach vorn weist. First Followers haben dieses Attribut in der Regel nicht. Als Organisationsentwickler sitzen wir manchmal in beiden Rollen – in der der Führungskraft, die Teams und große Organisationen begeistern will/muss. Oder in der des Organisationsentwicklers, der Führungsteams neue Wege aufzeigt, Wandel zu gestalten. So oder so – am Ende gilt es, die First Follower zu begeistern und damit eine Epidemie oder soziale Bewegung auszulösen.

Dies ist übrigens oft der Grund, warum die als „Change Agents" oder „Strategic Ambassadors" ausgerufenen Mitarbeiter oftmals keinen Erfolg haben – denn auch sie werden qua Rolle wahrgenommen als Führungskräfte, nicht als Follower. Das Gewinnen von Followern lässt sich gleichsam aktiv steuern – einerseits durch Aktivierungsmechanismen (siehe Kapitel ➔ Strategie- und Transformationsprozesse beschleunigen) und andererseits durch den Aufbau und das Management von Koalitionen und Netzwerken (siehe Kapitel ➔ Koalition für Resultate bilden: Die Bewegung).

Beispiel ➔ Baloise Group: Emotionen, Menschen und Netzwerke – nicht Prozess und Hierachien

Das Playbook Strategie-Aktivierung ist für „First Followers", weil sie es sind, die eine strategische Idee aktivieren, an einen strategischen Impetus glauben und diesen in der Organisation verankern und gross machen.

Führungskräfte der neuen Generation

In unserer Arbeit in der „Future of Leadership Initiative" haben wir im Austausch mit Persönlich-keiten wie Jimmy Wales, Barbara Kellermann, Muhammad Yunus, Joe Kaeser oder Janina Kugel erfahren dürfen, dass es in Unternehmen Führungsleute gibt, die sich bewusst von Schulbuch bzw. oft auch Business School Führungsarbeit distanzieren und neue Wege gehen bzw. etablierte Lehrmeinungen mit neuartigen Ideen sinnvoll ergänzen. Dies sind Führungsleute, die etablierte Mechanismen und Zusammenhänge hinterfragen und aus einem Autopiloten der Standards und Prozesse ausbrechen. Dieses Buch ist für ebendiese Führungskräfte, die Strategiearbeit vor allem als Organisationsaufgabe verstehen. Für Führungskräfte, die sich mit Marktentwicklungen und Return on Investments ebenso auseinandersetzen wie mit Verhalten und menschlichen Bedürfnissen. Führungskräfte, die selbst in der Lage sind, ihre eigene Rolle zu hinterfragen und weiterzuentwickeln. Um in den Worten von Bill Joiner zu bleiben: sich entwickeln von einem Experten-Leader, der mit Wissen und Erfahrung zur Problemlösung beiträgt, über den Politiker/Netzwerker, der in der Lage ist, Allianzen zu schmieden und Ziele taktisch zu verfolgen, bis hin zu einem „Katalysten" der als Coach sich selbst im Hintergrund hält und starken Teams und Individuen hilft, sich selbst zu helfen (vgl. Joiner 2006).

Dieses Buch ist für ebendiese Führungskräfte, die Strategiearbeit vor allem als Organisationsaufgabe verstehen.

Beispiel ➔ Swiss Re: Aktivierung der globalen HR-Funktion, um den Fokus hin zu mehr Agilität zu unterstützen

Dieses Buch ist für ebendiese Führungskräfte, die stark nach neuen Ansätzen suchen, die die Strategie- und Organisationsarbeit in den vergangenen Jahrzehnten geprägt haben und daraus ausbrechen.

Transformatoren

Im Playbook unterscheiden wir zwischen „Change" und „Transformation". Der zentrale Unterschied ist für uns, dass man beim „Change" immer wieder in den alten Zustand zurückgehen kann. Durch eine „Transformation" gelangt man hingegen in einen Zustand, der gänzlich neu ist – eine Entwicklungsstufe, die sich nicht mehr rückgängig machen lässt. Diese Unterscheidung kennen wir nicht nur aus der Persönlichkeitsentwicklung (vgl. Loevinger 1976), sondern eben auch aus der Entwicklung von Organisationen: Das Fortschreiten in z.B. neue Märkte mit neuen Zugangsmechanismen, neuen Produkten, neuen Verhaltensweisen der Mitarbeitenden usf. entwickeln Organisationen fast wie in ein neues Unternehmen (ohne die Grundfeste über Bord zu werfen). Dieses Playbook ist für diejenigen, die den Weg einer Transformation aktiv gestalten – und Abstand nehmen von „Change" in z.B. ein neues Operating Model, was – falls nicht erfolgreich – sich letztlich wieder rückabwickeln lässt.

Strategen

Und damit ganz besonders für diejenigen, die in „klassischen" Strategieschulen gross geworden sind. Denn dieses Buch liefert ganz sicher Ansätze, welche die bekannten Ansätze sinnvoll ergänzen durch Formate der Einbindung, des Crowdsourcing, der Aktvierung und damit der eigenen Strategie zu mehr Akzeptanz und Durchsetzungskraft verhelfen.

Eine globale Gemeinschaft

Schlussendlich ist das Playbook Strategie-Aktivierung nicht der Weisheit letzter Schluss. Im Gegenteil – die spannenden Aktivierungen passieren in den vielen Unternehmen und Teams, die bereits heute Strategien aktiv gestalten. Um dem Rechnung zu tragen und um voneinander zu lernen, stellen wir auf www.strategy-activation.com den Canvas bereit – zum Ausprobieren, zum Befüllen mit Führungsteams, für die Arbeit in den Etagen der Strategie- und Unternehmensentwicklung.

Die Bilder und Figuren in diesem Playbook

Die Charaktere, die dich in diesem Playbook begleiten, sind Figuren aus der Strategie-Aktivierung des Versicherungskonzerns Allianz (#lead), bei der global mehr als 18.000 Führungskräfte interaktiv und miteinander gestaltend Führungsverhalten und -kompetenzen über mehrere Jahre erarbeitet haben.

Sie sind Symbolbild für Aktivierungsarchitekturen und stellen daher den visuellen Komplementär zu den Inhalten des Playbooks.

Abbildung 6: Auschnitt eines Big Pictures zum Thema Transformation und wie man Hierachie und Netzwerk verbindet, TATIN Institute 2022

DER STRATEGY ACTIVATION CANVAS:
AUF EINEN BLICK

Der Strategy Activation Canvas: Auf einen Blick

Das Playbook Strategie-Aktivierung entfaltet seine Inhalte entlang des sogenannten Strategy Activation Canvas – einem Rahmen, der die wichtigsten Felder der Strategie-Aktivierung inhaltlich zusammenhält. Keine Zeit, in die Details zu gehen? Dann ist dieses Kapitel genau das richtige: Du lernst hier kompakt die Arbeit mit dem Strategy Activation Canvas kennen und kannst anschliessend direkt loslegen. Das nächste Kapitel geht dann eine inhaltliche Stufe tiefer.

Abbildung 7: Illustration des Strategy Activation Canvas. Playbook Strategie-Aktivierung 2022

Wirkungsfelder des Canvas

Der Strategy Activation Canvas entfaltet sich entlang von zwei Wirkungsfeldern: Das erste Wirkungsfeld bezieht sich das das Setzen des inhaltlichen Kontextes. In ihm geht es darum, zu klären, worum es im Kern einer Strategie eigentlich geht. Um dann, in einem zweiten Schritt, Sichtbarkeit zu schaffen, diejenigen Stakeholder festzulegen, die eine Strategie beschleunigen können oder eine inhaltliche Geschichte formulieren. Das zweite Wirkungsfeld ist dann die Beschleunigung. Das bedeutet, Aktivierungsmechanismen zu etablieren, die für die Erreichung einer Strategie im Weg stehenden Dinge aus dem Weg zu räumen oder bestimmte Themen und Bereiche schlichtweg zu beschleunigen.

Strategie-Aktivierung entfaltet sich ganz grundlegend innerhalb genau dieser zwei Wirkungsfelder. Beim Setzen des inhaltlichen Kontextes gilt es dabei erstens, inhaltlich zu klären, was der eigentliche Kern einer Strategie ist. Während die Aktivierung ultimativ auf ganze Teams oder gar Unternehmen abzielt, so braucht es zweitens gleichwohl eine Bewegung von Mitarbeitenden, welche die Aktivierung anschieben und ausbreiten. Damit dies möglich ist, braucht es drittens ein einfaches und doch inhaltlich starkes Narrativ bzw. ein einprägsames Bild, was viertens durch unterschiedliche Beschleunigungsmechanismen dauerhaft lebendig wird.

Diese vier Bereiche (der strategische Kern, die Bewegung, das Narrativ bzw. das Gesamtbild sowie die Beschleunigung) bilden gemeinsam den Strategy Activation Canvas. Er ist das Kernstück jeder Aktivierungsarbeit. Neben den zwei Wirkungsfeldern verdeutlicht der Canvas zugleich, dass die vorgängige Strategieentwicklung und die nachgelagerte bzw. parallele Implementierung ebenso Teil des Canvas sind, ja sogar sein müssen – wenngleich nicht Teil der Aktivierung. Die Abgrenzung wollen wir kurz erläutern.

Abgrenzung des Canvas

Strategieentwicklung

Die Entwicklung neuer strategischer Stossrichtungen, dies ist unsere Erfahrung, passiert nach wie vor in kleinen Kreisen. Teilweise geschieht dies unter Einbezug von Analysen und Einschätzungen von Strategie- und Unternehmensberatern. Teilweise erfolgt es mit ausgewählten internen Stakeholdern wie einem CEO und einigen wenigen Geschäftsleitungsmitgliedern – oder einer Bereichsleiterin und handverlesenen Kollegen aus dem Führungsteam. Das Ergebnis sind oft starke inhaltliche Papiere, meist mit Marktanalysen und -einschätzungen, Produkt-/Portfolioaussagen, konkreten finanziellen Annahmen und Aussagen oder teilweise bereits Aktionsfeldern und konkreten Projektvorschlägen. Diese Papiere bzw. eine Verdichtung dessen sind für uns der Einstieg in das, was wir als „Strategischer Kern" im Canvas bezeichnen – den ersten inhaltlichen Block der Strategie-Aktivierung.

Strategieumsetzung

Mit der Strategieumsetzung auf der anderen Seite des Canvas meinen wir Projekte und Initiativen, die für das Erreichen der in der Strategie formulierten Zielbilder notwendig sind. Das können Projekte sein, Initiativen, Zu- oder Abverkäufe von Teams bzw. Unternehmensbereichen, das Entwickeln neuer Produkte oder das Anpassen bestehender Prozesse und Betriebsmodelle und vieles mehr. Also alles, was sich letztlich in einem Projektportfolio steuern und messen lässt. Unternehmen, die mit dem Strategy Activation Canvas arbeiten, nehmen z.B. die Aussagen aus dem strategischen Kern oder Mechanismen aus der Aktivierung dazu, das Portfolio zu steuern bzw. ihm eine klare Richtung zu geben.

Strategie-Aktivierung

Dies ist dann eben genau das Einbeziehen einer ganzen Belegschaft, unabhängig von Initiativen und Change-Projekten, in die Strategiearbeit und damit letztlich das Nutzbarmachen von sogenannten Sozialdynamiken. Also von alldem, was in der Regel im Weg steht, einen persönlichen Bezug zur Strategie herzustellen (siehe Kapitel ➔ Sozialdynamiken, die Strategieumsetzung verhindern) – einen Bezug, der direkt ist, für den es keinerlei Vorwissen benötigt, der die eigene Rolle im Unternehmen und die persönlichen Stärken und Fähigkeiten als Referenzpunkt nimmt. Auf den Punkt gebracht geht es darum, eine Strategie überhaupt bekannt und anschliessend persönlich zu machen – und das für jeden Einzelnen im Unternehmen.

Das Besondere am Strategy Activation Canvas ist sein universeller Charakter, seine Durchlässigkeit für Methoden oder Mechaniken (einige davon stellen wir in diesem Playbook vor). Das Playbook beschreibt damit ganz bewusst keine weitere Theorie, im Gegenteil: Es fasst gängige und vor allem erprobte Modelle zusammen. Und bleibt damit anschlussfähig für all die guten und funktionierenden Mechanismen, die in Unternehmen heute bereits im Einsatz sind. Einzig gibt der Canvas einen Rahmen vor, der aus unserer Arbeit mit globalen Grossorganisationen entstanden ist.

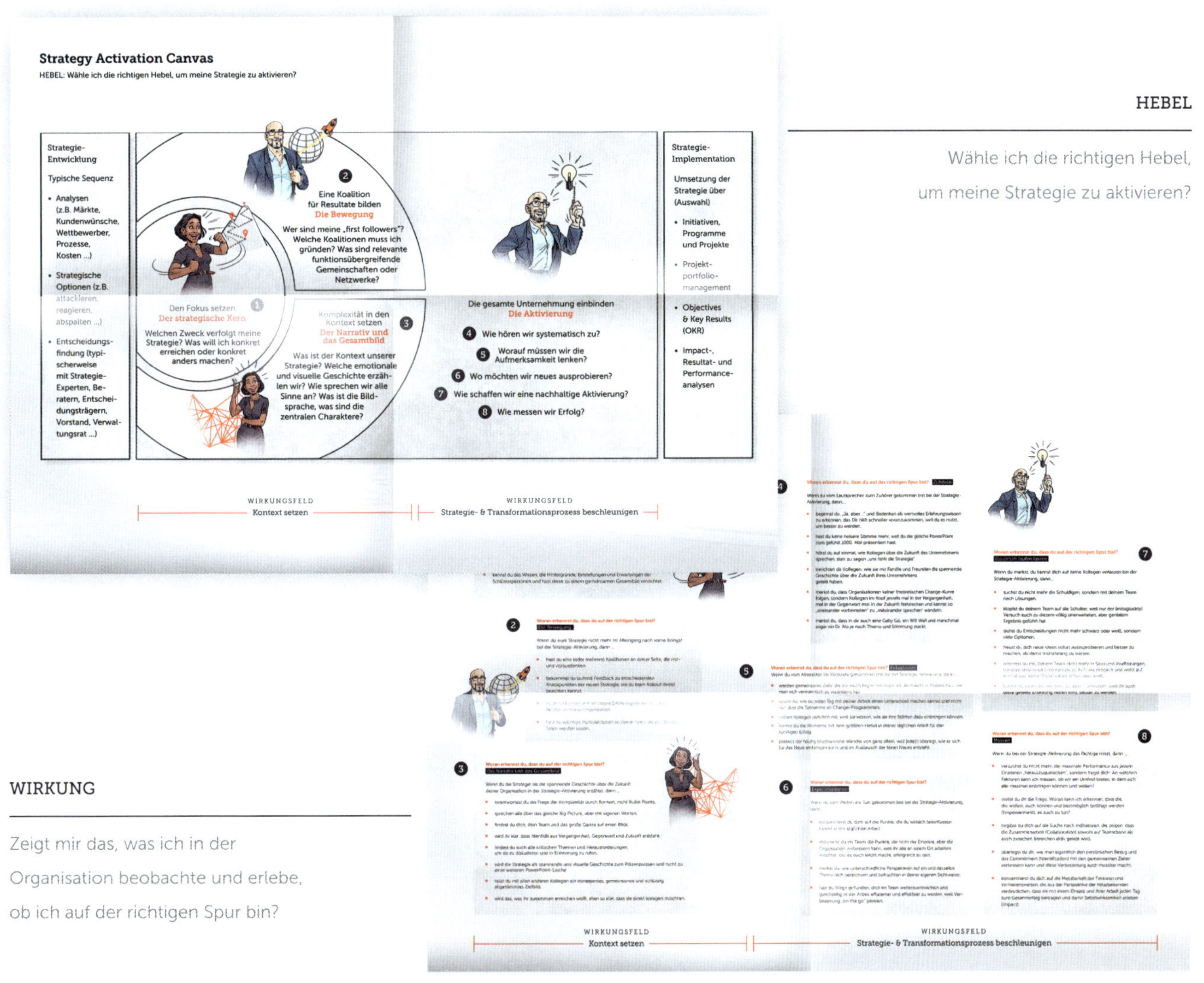

Abbildung 8: Der Strategy Activation Canvas. Playbook Strategie-Aktivierung 2022

Gehen wir im Folgenden die vier Felder im Einzelnen durch – auf einen Blick (siehe die Details zu den vier Feldern dann im Kapitel ➔ Die Wirkungsfelder des Strategy Activation Canvas: Eine Praxisanleitung).

If you want people to care, **provide them with context.**

Robert Wreschniok

Der Strategy Activation Canvas
Wirkungsfeld Kontext setzen

Strategien sind oft verklausulierte, inhaltlich dichte Schriftstücke. Sie bedürfen typischerweise einer Erklärung, eines Einbettens in einen grösseren Kontext. Selbst in Führungsetagen sind Strategien oftmals das Ergebnis eines strukturierten Dialogs, eines Streitens und Einigens – eines Diskurses, der wertvoll und doch nur einer kleinen Gruppe zugänglich war.

Den Fokus setzen: Der strategische Kern

Bevor eine Strategie allerdings in ihren Kontext gestellt werden kann, der sich für breite Teile einer Unternehmung erschliesst, (siehe hierzu das Kapitel ➔ Komplexität in den Kontext setzen: Das Narrativ und das Gesamtbild), gilt es, sie zunächst im Kern zu erfassen und damit die Frage zu beantworten: Wenn ich die Strategie auf den Fingernagel schreiben müsste, worum geht es? Denn neben den analytischen Hintergründen, den aufgezeigten Optionen oder der letztlichen Entscheidung für einen neuen Weg liegt das „Warum" der neuen Strategie meist in diesen Schriftstücken etwas verborgen. Das bedeutet nicht, das der Kern nicht implizit mitgedacht wurde – jedoch, das zeigt unsere Erfahrung, ist dieser nicht selten überlagert von den „Eckpfeilern" oder „Initiativen" etc., die im Strategiepapier explizit formuliert sind.

Der strategische Kern beantwortet einzig und allein das Warum – und zwar nicht das offensichtliche („weil unsere Kunden dies verlangen", „weil die Märkte sich bewegen", „weil unsere Umsätze im Kerngeschäft wegbrechen", weil...), sondern das dahinterliegende, vielleicht sogar das tiefgründige. Was wir damit meinen, wollen wir an einigen Beispielen verdeutlichen:

- Amazon: „(...) to be the earth's most customer-centric company; to build a place where people can come to find and discover anything they might want to buy online." Hier liest sich nichts von Logistikkonzern oder Datenbankanbieter.
- Apple: „(...) Technik an der Schnittstelle zwischen Design und Nutzerfreundlichkeit zu entwickeln." Auch dies lässt offen, welche Technik, welche Märkte, welche Kundengruppen.
- BMW: Der Autokonzern gibt sich der Freude am Fahren hin. Dieser Strategiekern rechtfertig dann sogar Projekte, wie den Verkehrsfluss in München zu verbessern – um ebendiese Freude zu erreichen. Nicht gerade ein Investment, was gleich offensichtlich ist.
- Google: „Die Informationen dieser Welt jedem Menschen zu jeder Zeit zugänglich und nützlich zu machen." Was viel Raum für Ausgestalten lässt bei dennoch einem sehr klaren Kern.
- McDonald's: Jeder Gast soll das Restaurant mit einem Lächeln verlassen. Der Kern setzt damit nicht das Essen, sondern das Erlebnis in den Mittelpunkt.
- Starbucks: Der Kern des Kaffeehauses ist das Schaffen des sogenannten „third place", d.h. des erweiterten Wohnzimmers. In den USA spricht man vom first, second und third place und meint damit das eigene Zuhause, den Arbeitsplatz und eben – weil das Zuhause oft diese Möglichkeit nicht bietet – den Ort, wo man einfach nur sein kann. Alle Initiativen und Entscheide, die der Konzern trifft, richten sich an diesem Kern aus (vgl. hierzu auch Howard Schultz 2011 in seinem Werk „Onward" – ein faszinierendes Buch, um zu erfahren, wie Starbucks sich auf die Suche nach seinem strategischen Kern gemacht hat).

Diese Beispiele sollen zeigen, dass der wahre Kern hinter einer Strategie oft tiefer verwurzelt ist als eine offenkundige Kunden-, Markt- oder Umsatzentwicklung. Ein Kern nimmt auch Bezug auf die Geschichte eines Unternehmens, auf zentrale Führungspersönlichkeiten, auf sichtbare und unsichtbare Mitarbeitende, auf Verhaltensweisen, die nirgends dokumentiert sind, und vieles mehr. Die Unternehmensberatung Bain & Company hat die Suche nach dem Kern in den direkten Zusammenhang zu nachhaltigem und profitablem Wachstum gestellt – mit der gleichen Argumentation: Ist der Kern unmissverständlich, ergibt sich die Klarheit des strategischen Optionenspielraums fast automatisch (vgl. hierzu auch Zook & Allen 2010 – mit vielen guten Beispielen strategischer Kerne).

Eine Koalition für Resultate bilden: Die Bewegung

Beim zweiten Feld des Strategy Activation Canvas geht es darum, die Kontaktpunkte mit der Unternehmensstrategie signifikant auszuweiten – im Idealfall auf die gesamte Unternehmung. Also fundamental Abstand davon zu nehmen, dass die Strategie nur einer ausgewählten Gruppe Eingeweihter zur Verfügung gestellt wird. Wir sprechen hierfür bewusst von drei Charakteristika: Koalition, Resultate und Bewegung.

Unternehmen sind, sind sie nicht agil aufgestellt, typischerweise in Segmenten organisiert – d.h. gruppiert um ähnliche Rollen und Fähigkeiten bzw. zusammengefasst um Märkte, Produktsegmente, Funktionswissen. Diese Art zu organisieren ist aus dem 19. Jahrhundert (vgl. Dignan 2019) und nimmt an, dass es Sinn hat, fachlich ähnliche Themen zusammenfassen und abzugrenzen. Eine der Ausprägungen dieser Art zu organisieren ist zweifelsohne das Etablieren von Fachsilos (ohne dies wertend zu meinen – es gibt Situationen, wo dies durchaus Sinn hat). Strategien allerdings sind in der Regel Silo-übergreifend, denn sie proklamieren Themen, Trends, neue Wege – unabhängig von einer bestimmten Funktion oder Organisationseinheit.

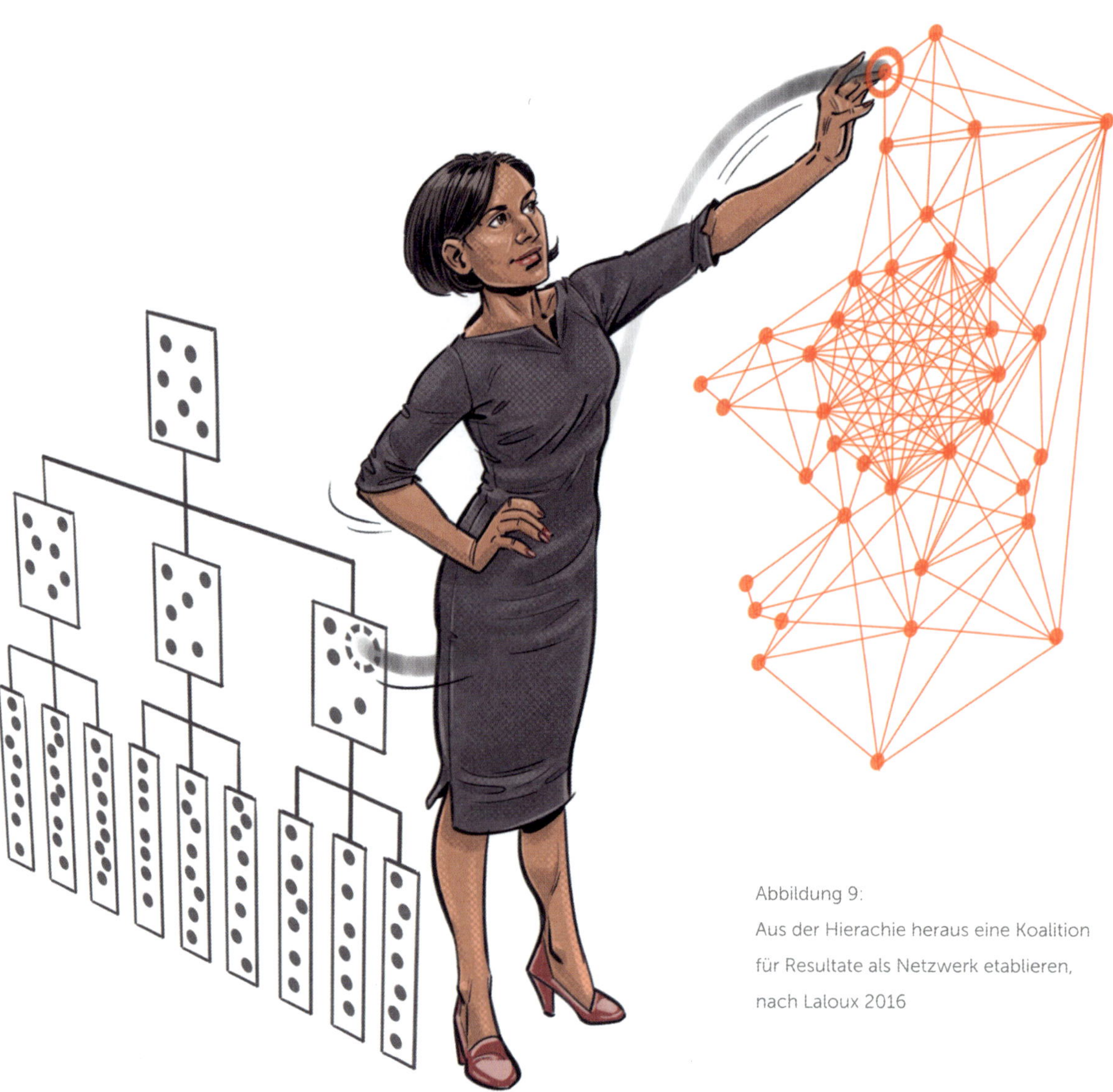

Abbildung 9:
Aus der Hierachie heraus eine Koalition für Resultate als Netzwerk etablieren, nach Laloux 2016

Also benötigt man das Wissen und die Erfahrung von vielen verschiedenen Teams, um den Impetus eines neuen oder aufgefrischten Weges sichtbar werden zu lassen. Und genau aus dem Grund überspringt Strategie-Aktivierung die Grenzen bestehender Segmente und setzt eben die Personen, Rollen, Teams, Communities zusammen, die für das Erreichen der Strategie wichtig sind. Und genau dies meinen wir mit dem Bild der Koalition: Je nach Thema oder Initiative braucht es andere Zusammenstellungen von Menschen und Profilen, von Fähigkeiten und Erfahrungen, die zum Erreichen massgebend sind.

Diese Koalitionen grenzen sich über ein gemeinsames Zielbild ab, über eine gemeinsame Vision – und die gilt es so konkret wie möglich zu formulieren. Dies ist der zweite Charakter: die Ausrichtung an Resultaten. Also nicht das Etablieren einer Gruppe Menschen, die mehr oder weniger wahllos Dinge auf den Weg bringt, sondern die Dinge in Unternehmen etabliert, die einen ganz klaren Bezug auf das neue Gesamtbild haben.

Eine typische Form davon sind Projekte, die entweder neu ins Leben gerufen werden oder bereits bestehende Teile einer Strategie aktiv bearbeiten.

Der dritte Charakter ist letztlich der der sozialen Bewegung. Wir haben erlebt, dass Koalitionen schnell eine starke Eigendynamik entwickeln können, lässt man sie (bis auf die gemeinsame Vision, den gemeinsamen Intent) in Ruhe agieren. „Aligned autonomy“ ist dieses Prinzip der Agilität, d.h., die Rolle der Führungskraft ist also ganz klar ein Aus-dem-Weg-Gehen (vgl. auch Marquet 2013 „Greatness“) und das, was in Unternehmen oft als „Empowerment“ beschrieben wird. Also das eigenständige Agieren und das Loslassen von Steuerung und Kontrolle. Dadurch entstehen Dynamiken wie des Sich-Identifizierens, des Beitrag-Leisten-Wollens – und zwar lange über die Zugehörigkeit einer bestimmten Koalition oder eines Teams hinweg. Ebendieses durchdachte Bilden von Netzwerken, Koalitionen, Gruppen, Teams etc. ist die Aufgabe im Feld „Die Bewegung" des Strategy Activation Canvas.

Komplexität in den Kontext setzen: Das Narrativ und das Gesamtbild

Strategie-Aktivierung erzählt immer eine Geschichte, stellt ein Bild oder eine Metapher bereit. Dieser Schritt ist entscheidend, um einerseits Komplexität begreifbar und zugänglich zu machen (ohne sie zu reduzieren oder gar zu vereinfachen), und andererseits, um ihr einen Kontext, einen Zusammenhang zu geben. Genau dies ist das dritte Feld des Strategy Activation Canvas.

Keine Strategie steht für sich allein. Jede Neuausrichtung, jedes Investment in neue Geschäftsfelder, jede Effizienzinitiative oder jeder Turnaround hat eine eigene Geschichte. Diese Geschichte ist einerseits wichtig zu verstehen, denn sie erklärt oft das „warum" hinter einer Veränderung. Gleichzeitig wollen Unternehmenslenker die Geschichte nicht allzu sehr in den Fokus setzen, lenkt sie doch vom Zielbild ab. („Was uns bisher erfolgreich gemacht hat, ist nicht mehr das, was uns in Zukunft erfolgreich machen wird" – ausser man hat einen globalen Rollout eines Produktes oder einer Dienstleistung vor sich, aber auch dies muss an lokale Märkte angepasst werden.)

Die Geschichte einer Unternehmung sollte zum Teil des Strategie-Narrativs werden.

Die Geschichte einer Unternehmung, also die Rückschau, was hat uns in der Vergangenheit eigentlich stark gemacht und welches sind die Themen, woran wir gescheitert sind (und worauf wir unbedingt achten müssen), sollten zum Teil des Strategie-Narrativs werden. Ebenso die grossen Einflüsse von ausserhalb (z.B. Marktbewegungen, wirtschaftliche Rahmenbedingungen, gesellschaftliche Tendenzen ...), die eine strategische Weiterentwicklung unabdingbar machen. Diese drei Elemente zeigen bereits sowohl ein starkes Rational für die Weiterentwicklung auf und wertschätzen die Vergangenheit bzw. stellen das Scheitern an bestimmten Themen als wertvollen Input für den Weg in die Zukunft dar.

Ebenso Teil des Narrativs ist, aufzuzeigen, woran man einerseits merkt, nicht weiter zu kommen bzw. zu stagnieren, und andererseits woran man erkennt, die Ziele zu 100 % erreicht zu haben – und zwar aus verschiedenen Perspektiven (woran merken dies die Kunden, woran die Investoren, woran die Mitarbeiter, etc.). Diese zwei Elemente zeigen wichtige Prüfpunkte auf, die Anlass zum Dialog sein können auf dem Weg der Strategieerreichung. Auch lassen sich Messmechanismen daran ausrichten, um quantitativ zu zeigen, wie gut eine Strategie unterwegs ist.

Was damit noch fehlt, ist der Fokus auf das Heute und damit die wichtigsten Prioritäten auf dem Weg in die Zukunft, um Organisationen einen Fokus zu setzen (und diese können sich durchaus verändern im Laufe der Zeit), sowie aufzuzeigen, was der Weg der Strategie für eine Organisation bedeutet. Für letzteres ist entscheidend, genau nicht durchzudeklinieren was dies für jede Funktion oder Geschäftseinheit bedeutet, sondern ganz bewusst zu zeigen: Was bedeutet dies für die Gesamtorganisation. Denn nur so lässt sich das Narrativ einer Bewegung erzählen und das erzählerische Verfestigen von Silostrukturen verhindern.

Abbildung 10: Strategie als Narrative über die Zukunft der eigenen Organisation erzählt, umgesetzt als Szenen auf verschiedenen Big Pictures, TATIN Institute 2022

Der Strategy Activation Canvas
Wirkungsfeld Strategie- und Transformationsprozessse beschleunigen

Das zweite Wirkungsfeld des Strategy Activation Canvas dient der Beschleunigung von Strategie- und Transformationsprozessen. Es ergänzt damit das erste Wirkungsfeld – und wir trennen es bewusst ab, da die Wirkungsmechanismen sich, wenn der Kontext geklärt ist, stark verändern. Was wir damit meinen, ist: Das Formulieren des strategischen Kerns und das Aufsetzen einer Koalition oder das Erarbeiten des Narrativs sind stark inhaltliche Arbeit. Das zweite Wirkungsfeld hingegen dient eher der Durchdringung, Akzeptanz und Durchsetzungskraft in der gesamten Organisation.

Das Kapitel über die Aktivierung liest sich entsprechend etwas anders – denn hier stellen wir vor allem Mechanismen und Konzepte vor, die sich, je nach Bedarf, zusammensetzen lassen und die ganz sicher nicht abschliessend sind. Wir zeigen die Auswahl, bei der wir glauben, dass sie dir hilft, Teams oder ganze Organisationen sprichwörtlich zu aktivieren. Kombiniere diese bewusst mit deinen Erfahrungen oder mit den Tools und Formaten, die ihr bei euch nutzt, probiere aus und entwickle weiter. Die einzige Massgabe, nach der du dich leiten lassen solltest, ist: „Dient das Mittel wirklich dem Zweck, unsere strategischen Ziele schneller zu erreichen?". Aus diesem Grund findest du nur wenige kommunikative Werkzeuge wie Newsletter, Blogs, CEO-E-Mails, Townhalls, ... und wenn, dann wie man aus ihnen Aktivierungsmechanismen macht. Doch welche Möglichkeiten gibt es nun, Teams und ganze Unternehmungen auf eine gemeinsame Strategie hin zu aktivieren?

Im Kern sind dies einige wenige Mechanismen, aus denen heraus sich Aktivierung gestalten lässt, und sie orientieren sich an einer sehr grundlegenden logischen Wirkungskette: Erst muss ich (1) zuhören, dann (2) einen Fokus setzen, bevor ich (3) sensualisieren und (4) experimentieren kann. Was gut funktioniert, kann ich abschliessen (5), dauerhaft am Laufen lassen (teilweise 6) digital) und dessen Wirksamkeit (7) messen.

Mechanismen des Zuhörens

Jede Aktivierung beginnt mit einem Zuhören. Und die Quellen dafür sind mannigfaltig: Sogenannte Engagement Surveys, oft mehrfach im Jahr, Net Promoter Score, Mitarbeiterumfrage – wir alle kennen die zahlreichen Erhebungen in Unternehmen. Hinzu kommen, wenn man möchte, das Auswerten von Protokollen der Führungskräftesitzungen, Beobachten von Verhaltensweisen, Interpretieren anekdotischer Erzählungen, sogar Auswerten von elektronischen Kalendern (anonym versteht sich) oder Gesprächs-/Dialogformate zwischen Mitarbeitenden und Führungskräften. Kurzum: Von systematischen Erhebungen bis hin zu heuristischen bzw. eher freien Formaten haben Unternehmen heute eine Vielzahl an Möglichkeiten, zuzuhören.

Die wenigsten nutzen – ist die Veröffentlichung der Ergebnisse erst einmal verdaut – dann aber die Fakten für Aktivierungsarbeit. Was bisweilen fatal ist: Die Ergebnisse sind oft ein starkes Indiz für die Bereiche, in denen etwas einer Strategie im Wege steht oder man erfährt, wo sich Strategiearbeit maßgeblich beschleunigen lässt. Wir widmen uns noch separat dem Thema Messbarkeit in diesem Playbook und fassen an dieser Stelle zusammen, dass Umfragen und Auswertungen jedweder Art der Startpunkt für Aktivierungsarbeit sein sollten.

Denn beginnt man mit der Arbeit der „Beschleunigung", wird man sehr schnell eine Beobachtung machen: Das menschliche Gehirn ist eine Art „Abwehrmaschine": Neues wird evolutionär bedingt als riskant hinterfragt. Bzw. es wird als zumindest als fragwürdig angeschaut. Immer wenn man also etwas Neues liest oder hört, gleicht das Gehirn dies automatisch mit bereits Erlebtem, Gelesenem, Gelerntem ab. Und an den Stellen, wo das Neue mit dem bereits Erfahrenen sich widerspricht, erzeugt dies einen Widerspruch: „Ja, aber..."

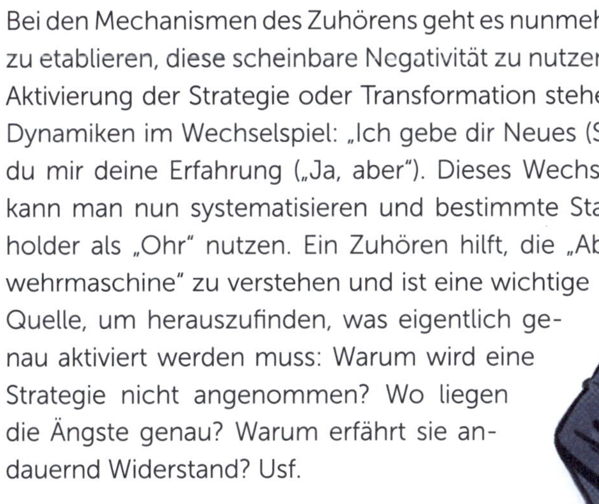

Bei den Mechanismen des Zuhörens geht es nunmehr darum, Wege zu etablieren, diese scheinbare Negativität zu nutzen. Denn bei der Aktivierung der Strategie oder Transformation stehen die sozialen Dynamiken im Wechselspiel: „Ich gebe dir Neues (Strategie), du mir deine Erfahrung („Ja, aber"). Dieses Wechselspiel kann man nun systematisieren und bestimmte Stakeholder als „Ohr" nutzen. Ein Zuhören hilft, die „Abwehrmaschine" zu verstehen und ist eine wichtige Quelle, um herauszufinden, was eigentlich genau aktiviert werden muss: Warum wird eine Strategie nicht angenommen? Wo liegen die Ängste genau? Warum erfährt sie andauernd Widerstand? Usf.

Will ich also beschleunigen, dann muss ich wissen, wo. Entsprechend beginnt jede Beschleunigung mit dem Zuhören. Und dieses Zuhören erleben wir in Mitarbeiterumfragen, Ambassador-Programmen, bestehenden Gruppen von „Change Agents" oder auch durch die Analyse der Agenda von Senior Leadership Gruppen (um zu erfahren, was Entscheidungsträger gerade beschäftigt). All diese Quellen sind ein starker Indikator dafür, was eigentlich genau „aktiviert" werden soll – bevor man mit der Beschleunigung beginnt.

Fokussierende Mechanismen

Um Strategien, Transformationsvorhaben, Grossprojekte etc. weiterzubringen, muss man nicht alles vollständig im Griff haben. Im Gegenteil – oft reichen wenige, aber entscheidende Momente, die man ganz grundlegend verändert, bereits aus, ein bestehendes Verhalten fundamental zu verändern. Genau dies ist die Idee der sogenannten Moments that Matter (oder „moments of truth" oder „magic moments", wie sie in manchen Unternehmen genannt werden).

Die Idee ist Jahrzehnte alt und kommt ursprünglich aus dem Marketing, wo man sich anschaut, welche Situationen für den Aufbau einer Marke entscheidend sind, um eine bestimmte Markenwahrnehmung zu kreieren. D.h.: Wo und wie soll ein Kunde ein Unternehmen erleben, um langfristig ein ganz bestimmtes Markenerlebnis zu empfinden. Diese Idee, übertragen auf Transformationsvorhaben, ist ganz ähnlich: Frage dich: „Was sind die wenigen Meetings, Telefonate, Führungssituationen, Entscheidungsmomente etc., die man verändern muss, damit sich das gesamte Vorhaben in eine andere, neue Richtung bewegt?" Und dann konzentriere dich ausschliesslich auf diese wenigen Momente.

Beispiele:

- Wir haben unzählige Male erlebt, dass das Umstellen einzelner Meetings zu dauerhaft sichtbaren Veränderungen bei Mitarbeitenden einer ganzen Unternehmenseinheit geführt hat. So ist es z.B. deutlich effektiver, die Agenda eines Führungsteams umzustellen, um einen bestimmten Diskurs hervorzurufen, als eine riesige Abstimmungs-Governance zu etablieren.

- Oder es ist deutlich effektiver, eine kleine Gruppe Verkaufsverantwortlicher in einem ganz bestimmten Moment des Verkaufsprozesses neu zu schulen, als den gesamten Prozess zu hinterfragen oder gar umzustellen.

Frage dich also: Was sind die für den strategischen Kern entscheidenden Momente (und wenn es nur ein oder zwei sind), die es gilt, (radikal) zu verändern – und dann konzentriere dich ausschliesslich auf den Umbau ebendieser Momente.

Ein weiterer fokussierender Mechanismus ist das Nutzen existierender Initiativen. Viele Unternehmen (und externe Beratungen) machen den Fehler, mit jedem Transformationsvorhaben ein Bouquet an Change-Mechanismen aufzusetzen und zu orchestrieren. Die Idee hat seinen Ursprung u.a. bei Kotter (vgl. Kotter 2018), der argumentiert: Jede Transformationsagenda braucht eine Change-Agenda. Und das ist auch grundsätzlich nicht falsch. Strategie-Aktivierung allerdings erweitert diesen Gedanken deutlich, indem sie auch bestehende Initiativen und Projekte Teil der Transformationsagenda werden lässt. Nicht als Paralleluniversum, sondern vollständig integriert. Organisationen sind typischerweise belegt mit „business as usual" und jede Change-Organisation, die separat aufgesetzt wird, muss sich dieser Unternehmensrealität stellen.

Daher nutzt der Ansatz der Strategie-Aktivierung vielmehr die Philosophie, bestehende Projekte, Modelle, Prozesse ... zu beschleunigen und so zu verändern, dass sie einen glasklaren Bezug zur Strategie erhalten. Es wird also keine Change-Agenda etabliert, sondern nach Mechanismen gesucht, existierende Realitäten clever zu verändern, um einen Beitrag zum neu formulierten Gesamtbild zu liefern. Im Übrigen ist die Konsequenz daraus, alle Initiativen oder Teile von Initiativen, die diesen Bezug nicht liefern, vollständig einzustellen.

Das, was ein Grossteil erfolgreicher Strategie-Aktivierungen gemein haben, ist der greifbare, konkrete und emotionale Charakter der Strategie.

Mechanismen der Sensualisierung

Das was ein Grossteil erfolgreicher Strategie-Aktivierungen gemein haben, ist der greifbare, konkrete und emotionale Charakter der Strategie. In fast allen Unternehmen, in die wir Einblicke hatten und haben, ist das Format einer Strategie typischerweise ein Microsoft PowerPoint Dokument. Manchmal sogar ähnlich in Struktur und Aufbau. Teilweise formulieren Unternehmen ihre Strategien als Prosatext (vor allem, um präziser zu sein als PowerPoint), doch dies ist äussert selten.

Die Herausforderung dieses Formats ist die Abstraktheit der Inhalte: Strategien werden reduziert auf (visualisierte) Zahlen, teilweise ergänzt durch konzeptionelle Frameworks. D.h., für das Erschliessen der Inhalte ist oftmals betriebs- und finanzwissenschaftliches Vorwissen erforderlich, sicher auch Markt- und Erfahrungswissen oder die Kompetenz, strukturiert Zusammenhänge zu erfassen. Allein durch das Format der Präsentation der Inhalte schliesst bereits eine breitere Leserschaft aus und reduziert das Potenzial des Verständnisses.

Um dem entgegenzuwirken, ist ein Weg sicher nicht zielführend: die durchdachten Inhalte immer und immer weiter auf das Wesentliche zu reduzieren. Denn dies wird der Komplexität der Inhalte typischerweise nicht gerecht – und kompromittiert damit letztlich die inhaltliche Schärfe einer Strategie. Ein besserer Weg ist die sogenannte Sensualisierung – denn die reduziert nicht die Inhalte, sondern nutzt Mechanismen des Storytellings und der Visualisierung, um sie für eine breite Masse an Menschen erschliessbar zu machen. Wichtig: Ohne Kompromisse im Inhalt einzugehen. Sensualisierung ist das Sichtbarmachen von Abstraktem. Strategien werden, wenn man sie mit allen Sinnen erschliessen kann, einer breiten Leserschaft zugänglich, sie werden diskutierbar – sogar angreifbar. Sie werden aber vor allem emotional erlebbar. Das menschliche Gehirn erfasst Wissen zu 90 % über Bewegtbild, d.h., es kann gleichzeitig Text, Bild, gesprochenes Wort, Stimmung usw. zusammenführen (vgl. Thesmann 2016). Und genau deshalb sollten Strategien mit allen Sinnen erfassbar werden: damit sie kognitiv und emotional verstanden werden.

Erst dann können wir einen Bezug zu uns selbst herstellen und die Frage bearbeiten: „Welche ist denn genau meine Rolle darin, die Strategie zu ermöglichen?". Doch dazu muss ich sie erst einmal in einer inhaltlichen Qualität verstehen, die weit über Stichpunkte und Infografiken hinausgeht. Erfolgreiche Strategie-Aktivierung ist demnach eine fokussierte Essenz der Strategie, die sensualisiert ist. Wo Kommunikation aufhört, beginnt Sensualisierung: Das Zielpublikum einer Strategie muss sie zunächst verstehen.

Abbildung 11: Sensualisierung von Strategie am Beispiel eines Big Pictures zur digitalen Transformation einer Organisation, TATIN Institute 2022

Und dies ist schwer, wenn ausschliesslich verklausulierte Expertenpapiere vorliegen und diese typischerweise in Townhalls top-down erzählt werden. Gleichzeitig ist das Wissen über eine Strategie notwendig, um den eigenen oder Teambeitrag zur Strategie herstellen zu können.

Doch das Kennen der Strategie ist erst der Anfang – was, wenn man Strategien nicht nur versteht, sondern sie auch verinnerlicht? Sie zur Massgabe des täglichen Handelns macht – ohne gross darüber nachzudenken? Dies ist möglich, wenn Inhalte versinnlicht werden – vor allem versinnbildlicht. Strategie-Aktivierung macht aus dem Kern der Strategie daher eine Botschaft als Geschichte, als Bild oder als Metapher – und diese wird zum Referenzpunkt für Interaktionen, Prioritäten, Dialoge etc. in einer ganzen Unternehmung (siehe hierzu v.a. das Kapitel ➔ Komplexität in den Kontext setzen: Das Narrativ und das Gesamtbild). Diese Versinnbildlichung ist die zentrale Ergänzung zum Erzählen von PowerPoint-Seiten, die in so vielen Unternehmen der vorherrschende Mechanismus zum Sichtbarmachen von Strategie ist.

Mechanismen des Experimentierens

Diese Idee ist uns erstmalig bei Google aufgefallen: kleine, kontrollierte Experimente durchführen, daraus lernen und reflektieren. „Was bedeutet das jetzt für das Gesamtbild?" ist viel effizienter als eine Lösung am Reissbrett zu entwerfen, auszurollen und am Ende zu merken: „Eigentlich nicht das, was benötigt oder gewollt ist." Das liest sich einleuchtend – doch die Realität in Unternehmen sieht oftmals anders aus: Veränderungsprozesse sind nach wie vor oft am Reissbrett entworfen und anschliessend flächendeckend ausgerollt.

Entscheidend für das Aufsetzen kontrollierter Experimente sind zwei Dinge: erstens strukturiert zu reflektieren, d.h., erstens das Erlernte den anderen Teams bereitstellen, und zweitens den Mut zu haben, wenn ein Experiment nicht die erwarteten Ergebnisse liefert, dieses auch wieder abzubrechen. Viele Teams machen den Fehler, immer mehr und mehr auf die Agenda zu setzen, ohne einen ehrlichen Reflexions-Schritt und vor allem den Mut, Dinge wieder abzubrechen. Amazon z.B. hatte den Mut, nachdem das Mobiltelefon Fire Phone am Markt nicht erfolgreich war, das Projekt abzubrechen – und dann aber zu reflektieren und mit dem gleichen Entwicklerteam Amazon Echo zu entwerfen – was wiederum ein durchschlagender Erfolg war. Ein beeindrucken-des Beispiel für den Mut, aufzuhören, zu lernen und aus dem Gelernten woanders weiterzugehen (vgl. hierzu u.a. Velasco 2018 oder Clifford 2020).

Umgekehrt laufen experimentelle Mechanismen Gefahr, ein System von Experimenten zu etablieren, die selten zu einem globalen Rollout kommen. Sind Experimente erfolgreich und bieten sie die Möglichkeit, flächendeckend einen Beitrag zu leisten, dann ist eben dieser Schritt entscheidend: aus dem Experiment-Charakter auszubrechen und das Erlernte global zu einzuführen.

Agile Mechanismen

Die Zeiten, wo Veränderungsprozesse in Unternehmen generalstabsmässig geplant und durchgeführt werden, sind nicht vorbei – sie haben ganz sicher ihre Berechtigung in einigen Themen. Doch sie werden irrelevanter, wenn es um das Erreichen komplexer und globaler Gesamtstrategien geht, bei denen es viele Variablen gibt, die sich ständig verändern. Daher ist ein Kernstück der Strategie-Aktivierung ein agiler Modus. Ganz konkret einige wenige Mechanismen, die helfen, Themen und Ergebnisse in kurzer Zeit zu erreichen (Auswahl der wichtigsten Mechanismen):

- Funktionsübergreifende Teams, d.h. Menschen oder Rollen so wählen, dass sie ein Problem lösen (nicht umgekehrt Aufgaben zu bestehenden Teams bringen).
- Der „Kunde" als Teil des Teams, d.h. diejenigen, für die eine Lösung entwickelt wird, in ebendie Teams, die diese entwickeln, integrieren.
- Kadenzen, d.h. wiederkehrende Zeitfenster („time box"), d.h. alle x Wochen (typischerweise 2) zusammenkommen und zeigen, was man erreicht hat („Sprint", „Retrospektive") und alle y Wochen (typischerweise 12) zusammenkommen und die nächste grössere Zeitspanne („Release") gemeinsam miteinander zu planen.
- Mitarbeitende stellen Zeit bereit, wie viel möglich ist, d.h., es müssen nicht alle Mitarbeitenden 100 % ihrer Zeit bereitstellen – sondern man schaut, wie viel jeder bereitstellen kann, und übernimmt entsprechend diese Pensum („Capacity") nur das, was man erreichen kann („Load").
- Am Wert orientiert priorisieren, d.h., man überlegt regelmässig (siehe ➔ Die 11 agilen Prinzipien der Strategie-Aktivierung), was jetzt in diesem Moment oder diesem Sprint einen Wert bringt – und de-priorisiert alles andere. Diesen Dialog führt man immer und immer wieder.

Digitale Mechanismen

Für globale Konzerne ist es sicherlich bereits Alltag, für einige Unternehmen u.U. erst seit COVID-19 so richtig sichtbar geworden: Nicht immer ist die Zusammenarbeit „face-to-face" in einem Raum möglich oder gar sinnvoll. Workshopformate, kollaborative Formate, das Präsentieren von Informationen, gemeinsames oder das Lernen als Einzelner – all das lässt sich heute mit (teilweise kostenfreien) digitalen Tools umsetzen. Dies gilt sogar für Mitarbeitende in der Produktion – hier ist dann wichtig, die Infrastruktur bereitzustellen.

Das digitale Zusammenarbeiten unterliegt anderen Dynamiken als das gemeinsame Erarbeiten von Themen in einem Raum. Glaveski (vgl. Glaveski 2000) beschreibt in seinem Beitrag zu den fünf Ebenen des virtuellen Zusammenarbeitens, dass das „Kopieren" der Situation im Büro in ein virtualisiertes Setup allenfalls das zweite von insgesamt fünf möglichen Maturitäts-Levels entspricht – denn man kopiert auch alle Ineffizienzen, ohne die Vorteile der digitalen Welt zu nutzen. Über das blosse Kopieren hinaus soll man sich vielmehr an digitale Formate der Zusammenarbeit anpassen (z.B. das gemeinsame Arbeiten in Dokumenten, das Arbeiten mit Kollaborations-Tools). Noch weiter gehen die Teams, die es schaffen vollständig asynchron zu arbeiten, d.h. eine Kultur etablieren, die sich über gemeinsame Ziele, Arbeitsprinzipien und Resultate definiert – ansonsten arbeiten die Teammitglieder völlig eigenständig (vgl. hierzu auch Choudhury 2020 „Our work-from-anywhere future"). Das Nirvana, so Glaveski, sind dann Teams, die ohne Büro sogar besser miteinander zusammenarbeiten – auch Choudhury zeigt in seinen Studien auf, dass diese Setups durchaus möglich sind.

Warum beschreiben wir diese Levels? Weil wir aufzeigen möchten, dass digitale Setups durchaus Vorteile in der Zusammenarbeit mit sich bringen, wenn man sie richtig nutzt und nicht einfach nur den Büro-Setup kopiert. Dies gilt nicht nur für globale

Konzerne, die diese Art der Zusammenarbeit gewöhnt sind, sondern auch für Unternehmen, die wegen COVID-19 oder anderen Pandemien plötzlich gezwungen sind, neue Wege der Zusammenarbeit zu finden, oder für Unternehmen, die strategisch ihren CO2-Fussabdruck reduzieren und so ein Zusammenarbeiten im Raum mittelfristig nicht mehr stattfindet. Digitale Mechanismen sind heute technisch derart ausgereift, dass man keinerlei Kompromisse bei Ergebnissen oder der Aktivierung mehr machen muss.

Mechanismen zur Messung

Die Sprache des Top-Managements ist und bleibt die der Fakten – und das ist auch gut so. Denn so lässt sich letztlich zeigen, wie erfolgreich eine Strategie gewesen ist. Und dies gilt auch für die Strategie-Aktivierung. Mechanismen zur Messung sind im einfachsten Sinne das Sichtbarmachen der Strategiearbeit, z.B. durch das Durchführen einer „Nullmessung" (d.h., wie viele Mitarbeitende haben eine Strategie verstanden und fühlen sich in der Lage, persönlich dazu beizutragen). Oder das Messen von Engagement, eine häufige Messgrösse vor allem in Grosskonzernen.

> Prominentestes Beispiel ist die Netzwerkanalyse, bei der die Kraft des Netzwerks einzelner Mitarbeitender sichtbar wird.

Im erweiterten Sinne lassen sich durch ausgereifte Messverfahren auch Elemente der Strategie-Aktivierung verfeinern. Prominentestes Beispiel dafür ist die Netzwerkanalyse, bei der die Kraft des Netzwerks einzelner Mitarbeitender (durch die Analyse von Meetings und E-Mails) sichtbar wird – und somit wer in Unternehmen wirklich Schlüsselpersonen sind, um Mitarbeitende zu begeistern und mitzureissen für eine Idee. Gleichzeitig stossen Messungen auch auf ihre Grenzen. Im Diskurs mit Managing Direktoren grosser Konzerne kommt immer wieder der Hinweis auf, dass teilweise auch Teams „gefühlt" deutlich besser zusammenarbeiten oder ist eine „Atmosphäre des Aufbruchs" – solche Aussagen sind oftmals schwer in Zahlen auszudrücken, aber nicht unerheblich. Daher sind das Arbeiten mit qualitativen Aussagen, Fokusgruppen-Diskussionen oder ein Puls-Check mit allen Mitarbeitenden während Townhalls wichtige Indikatoren für den Erfolg oder Misserfolg einer Strategie-Aktivierung.

Der Strategy Activation Canvas

Die Aktivierungs-Lüge: Wenn Aktivierung keine Aktivierung ist

Inzwischen hat sich Strategie-Aktivierung vielerorts etabliert – wenngleich mit deutlich unterschiedlichen Ausprägungen. Von beeindruckenden Aktivierungs-architekturen, bei denen ganze Belegschaften global einbezogen werden (siehe hierzu u.a. die ➔ Microsoft: Die Relevanz einer neuen Ära mitgestalten – Microsofts strategischen Kern weltweit aktivieren) bis hin zu „Camouflage-Aktivierung", d.h., es steht zwar Aktivierung drauf, ist aber nichts weiter als alter Wein in neuen Schläuchen. Daher lohnt es sich, hinter die offensichtliche Begriffswelt einer Strategie-Aktivierung zu schauen:

- Sind dies Formate, bei der Inhalte gemeinsam erarbeitet oder vorgegebene Inhalte umgesetzt/ausgerollt werden?

- Sind dies Formate, bei denen man ergebnisoffen aus dokumentierten Dialogen voneinander lernt, oder verschwinden die Ergebnisse der Dialogformate in irgendwelchen PowerPoint-Dokumentationen?

- Sind es Formate, bei denen Mitarbeitende notwendige Tools und Mechanismen an die Hand bekommen, um eigenständig an den Lösungen zu arbeiten, oder sind dies vorgefertigte Lösungsmechanismen oder Geschichten/Versatzstücke von Geschichten, die global „ausgerollt" werden?

Vor allem ein Dialog, der nicht fortgeführt wird und aufeinander aufbaut, ist ein Signal von Camouflage-Aktivierung, d.h., man spricht zwar über die Strategie und tauscht sich aus – aber nach dem Dialog ist in Bezug auf den Strategie-Impetus letztlich vor dem Dialog. Selbst das Erarbeiten von Dialogbildern oder visuellen Strategiegeschichten macht längst noch keine Aktivierung aus: Bleiben diese Bilder Anlass des Erzählens (und nicht des gemeinsamen Entwickelns), dann ist auch hier vor dem Dialog oftmals lediglich nach dem Dialog: Die Erkenntnis ist zwar da, das Orientieren des eigenen Handeln, einer ganzen Generation von Führungskräften und Mitarbeitenden daran bleibt aus.

Strategie ist die spannende Geschichte über die Zukunft des eigenen Unternehmens.

Robert Wreschniok

Abbildung 12: Führung neu denken beim gemeinsamen Bauen an der Zukunft illustriert in einem Big Picture, TATIN Institute 2022

DIE WIRKUNGSFELDER DES STRATEGY ACTIVATION CANVAS

EINE PRAXISANLEITUNG

Die Wirkungsfelder des Strategy Activation Canvas
Eine Praxisanleitung

Die Felder des Strategy Activation Canvas sind der konzeptionelle Rahmen der Strategie-Aktivierung – d.h., sie können helfen, Strategie-Aktivierungsvorhaben in eine Reihenfolge und Systematik zu bringen. Vor allem dann, wenn grosse Strategievorhaben bevorstehen. Gleichzeitig sind sie wiederum keine dogmatische Sequenz, d.h., sie müssen nicht in einer Reihenfolge eingehalten werden, um Strategien zu aktivieren. Jeder einzelne Baustein steht für sich und schafft bereits eigenständig grossen Wert. Während die ersten drei den Kontext setzen, so dient das vierte Feld der Beschleunigung und dem Aufrechterhalten der Dynamik.

Der Strategy Activation Canvas beginnt bewusst nicht bei der Strategieformulierung, sondern setzt genau dann an, wenn diese formuliert ist und vorliegt. Um (grosse) Organisationen dann zu aktivieren, bietet es sich an,

1. zunächst **Klarheit im strategischen Kern** zu haben, d.h. zu erarbeiten, worum es eigentlich in der Strategie geht. Daraus leiten sich zwei wichtige Bausteine ab:

2. Klären, wie sich die gesamte **Organisation als soziale Bewegung** mit

3. einem **starken Narrativ** einbinden lässt.

4. Mit diesen Bausteinen lässt sich die **Architektur der Beschleunigung** aufbauen, steuern und nachhaltig verankern.

Während (1), (2) und (3) das Wirkungsfeld des Kontextsetzens beschreibt und damit eine stark inhaltlich determinierende Aktivierungsarbeit, so ist (4) dann die eigentliche Beschleunigung der Strategie.

Doch auch ohne diese Reihenfolge funktioniert der Canvas: Ist z.B. der Kern klar und es fehlt „nur" an einer gemeinsamen Sprache zur Strategie, die global einheitlich ist, dann reicht ein (3) starkes Narrativ bereits, Fokus zu schaffen. Oder Projekte und Initiativen werden heute bereits als Portfolio gesteuert, um die Strategie zu erreichen, dann hilft eventuell bereits nur das Verstehen der (2) sozialen Bewegung, ihre Geschwindigkeit zu erhöhen. Je nach Strategievorhaben sind die Bausteine als Sequenz oder eben für sich standhaft.

Alle Bausteine, die wir in den vier Feldern vorstellen, gibt es bereits – denn das Playbook Strategie-Aktivierung nimmt bewusst Abstand davon, eine neue Theorie sein zu wollen. Im Gegenteil: Es hat eine derart grosse Fülle an starken und erprobten Mechanismen, Methoden und Konzepten, die teilweise seit Jahrzehnten in der Strategie- und Organisationsentwicklung angewendet werden. Das Playbook stellt gleichwohl eine Auswahl der stärksten Konzepte zusammen und bringt diese dann in einen Zusammenhang, in dem sie sich zu einem kraftvollen Gesamtwerk entfalten. Neben den vorgestellten Konzepten gibt es sicher auch weitere, die sich ebenso in die vier o.g. Bausteine nahtlos einfügen.

Die Wirkungsfelder des Strategy Activation Canvas

Fokus setzen: Der strategische Kern

Menschen für ein Ziel abgestimmt aktiv werden zu lassen, das ist ein zentraler Aspekt der Strategie-Aktivierung. Die Entwicklung eines strategischen Kerns als Geschichte ist dafür ein entscheidender Beschleunigungsfaktor und damit das erste Element des Strategy Activation Canvas.

Abbildung 13: Illustration des Strategy Activation Canvas. Playbook Strategie-Aktivierung 2022

Fallstudie Hamburg Commercial Bank Transformation #PushForResults

Kaja Wilkniß

2018 ist die Hamburg Commercial Bank (HCOB) auf eine Reise gegangen, die noch nie eine Bank vor ihr in Deutschland angetreten hat. Aus der ehemaligen HSH Nordbank wurde die Hamburg Commercial Bank. Erstmalig in der deutschen Bankenlandschaft wurde eine Landesbank an private Eigentümer verkauft, damit wurde ein vollkommen neuer Weg beschritten, der auch einen umfassenden Wandel in der gesamten Organisation erforderte. In den vergangenen drei Jahren hat die HCOB eine tief greifende Transformation durchlaufen und ist heute als fokussierter Spezialfinanzierer und profitable Geschäftsbank erfolgreich am Markt.

Mit der geschärften Geschäftsstrategie ging auch eine Neuausrichtung der Marke sowie ein tiefgreifender Kulturwandel auf allen Organisationsebenen einher: Von einer Bank im Eigentum der Bundesländer Hamburg und Schleswig-Holstein, die harte Zeiten aus der Finanzmarkt- und Schifffahrtkrise hinter sich und mit Altlasten zu kämpfen hatte und überwiegend hierarchisch organisiert war. Hin zu einer Kultur des aktiven Gestaltens, mit spürbar mehr Verantwortung für jeden Einzelnen, das hieß Ownership für Aufgaben, Themen und Projekte zu übernehmen. Flachere Hierarchien und klare Effizienzziele waren für viele Miarbeiter:innen nicht selbstverständlich und sollten in der neuen Bank verankert werden. Die Bank ist viele Wege das erste Mal gegangen bzw. hat den neuen Pfad im „Doing“ überhaupt erst geschaffen. Wieso, was und wie gehen wir es an?

Ziel des auf zwei Jahre ausgelegten Aktivierungskonzepts – das dem Motto „Action expresses priorities“ folgte und in agilen Sprints organisiert war – war die Schaffung eines einheitlichen Verständnisses für die strategischen Ziele (WHY), der einzelnen

Ergebnisse (WHAT) und die Umsetzung im Arbeitsalltag (HOW). Die Organisation sollte direkt in ein ziel- und ergebnisgerichtetes Handeln überführt werden, auch wenn noch nicht alle Weichenstellungen klar waren. Das war für mich, als Leiterin des Workstreams „Change", eine der größten Herausforderungen: Zu fokussieren auf das, was die Mitarbeiter:innen bereits kennen und können und nicht auf das, was erst später entschieden und klar(er) werden würde. Durch das agile Vorgehen in Sprints wurde es dem Management und uns als Projektteam aus der Unternehmensstrategie und Personal ermöglicht, den laufenden Prozess der Transformation auch auf Basis von Priorisierungen immer wieder nachzujustieren und Erwartungen und Ziele für jeden Sprint neu und klar zu definieren. Für den Kulturwandel wurde gleich zu Beginn, im Rahmen der Einführung von meritokratischen Grundsätzen, eine gemeinsame Währung des Erfolges definiert: Ergebnisse bzw. „results".

Um im ersten Schritt die strategischen Zielsetzungen und das WHY, HOW und WHAT zu vermitteln (WHY) und nachhaltig im Arbeitsalltag zu verankern wurde ein disruptiver Ansatz gewählt. Und um auch bei der Darstellung alte Muster hinter sich zu lassen, haben wir hierfür das „Big Picture" eingesetzt und auf Basis dieser Illustration die spannende Geschichte der Bank erzählt: Beginnend bei den soliden Grundsteinen, die in der Vergangenheit aufgebaut wurden, über die Herausforderungen und den Wandel der Gegenwart, bis hin zur Zukunftsvision für die neue Bank. Auch heikle Themen wie die Finanzkrise, die Ungewissheit aufgrund der neuen, privaten Eigentümer, die angestrebte Reduzierung der Belegschaft und die tägliche „Mindset-Challenge" für Führung und Mitarbeitende wurden darin transparent abgebildet. Ziel war es, diese Themen aufzuarbeiten, die gesamten Organisation sollte sich mit den Herausforderungen auseinandersetzen. Jede:r Mitarbeitende sollte anhand des „Big Pictures" den Weg der Bank nachvollziehen und eine ähnliche und trotzdem seine oder ihre Geschichte erzählen können.

#pushforresults – Ergebnisse zählen

Um auch die Mitarbeitenden eng in die Entstehung ihres „Big Pictures“ einzubinden, wurden in co-kreativen Workshops Zukunftsszenen entwickelt. Unter der Leitfrage „Woran erkennen unsere Kunden, unsere Führungskräfte und unsere Mitarbeitenden den Erfolg?“ entstand der Zukunftsteil der Karte, der fortan als Orientierung diente. Eine strategische Kernbotschaft des „Big Pictures“ war es, dass die Bank den weiteren Weg in den Teil der Karte, der die erfolgreiche Zukunft skizziert, nur schaffen wird, wenn sie die erforderlichen Ergebnisse liefert. Eine bankweite, begleitende Kampagne wurde abgeleitet unter dem Hashtag #pushforresults.

Um eng am Arbeitsalltag der Mitarbeitenden anzuknüpfen, wurde ein funktionsübergreifendes Team aus nahezu allen Bereichen der Hamburg Commercial Bank gebildet, die sogenannten „Result Agents“. Sie waren und sind weiterhin Botschafter und Multiplikatoren der Transformation und haben Ergebnisse sowie Erkenntnisse aus ihren Gesprächen, beispielsweise mit dem Vorstand oder dem HR-Projektteam, in die Gesamtorganisation getragen. Zugleich agierten sie „Sounding Board“, haben Stimmungen und Fragen aus der Belegschaft eingefangen und uns im Projekt, aber auch dem gesamten Management, ein repräsentatives Bild des Fortschritts und der Akzeptanz der neuen Unternehmenskultur gespiegelt. Die „Result-Agents“ sind noch heute als Mittler zwischen Management und Mitarbeitenden sowie als Sounding-Board und damit in beide Richtungen aktiv.

Um im engen Austausch mit den Führungskräften zu bleiben – die als wichtige Motivatoren für die Erreichung der Transformationsziele stehen – fanden eine Reihe von bereichs- und abteilungsübergreifenden Führungskräfteveranstaltungen unter dem Namen „Push For Results“-Meetings statt. Hier wurde über den Stand der Transformation sowie über zentrale Linien- und Geschäftsthemen berichtet und diskutiert.

Zudem gab es bankweite Townhall Meetings, um allen Mitarbeitenden einen Überblick über die erreichten Meilensteine der Transformation und einen Ausblick auf die Herausforderungen der nächsten Monate zu geben.

Um die Wirksamkeit der Aktivierungsmaßnahmen auch systematisch zu erheben, wurde zusätzlich eine Umfrage unter den Mitarbeitenden initiiert. Für die hier identifizierten Entwicklungsbedarfe in den verschiedenen Unternehmensbereichen wurden Maßnahmen entwickelt, die die Identifikation der Mitarbeitenden mit der Strategie weiter fördern sollten.

Mir hat es großen Spaß gemacht, das „Big Picture" gemeinsam im Team zu entwickeln und ich bin positiv überrascht, wie gut es vom Vorstand, den Führungskräften und meinen Kolleg:innen nicht nur akzeptiert sondern auch an- und übernommen wurde. Das „große bunte Bild" ist ansprechend, regt zu Diskussionen an und ist in unserer Bank vielfach zum Einsatz gekommen. Es war und ist eine für uns neue und anschauliche Art, alle im Unternehmen hinter einem Zielbild zu versammeln – im wahrsten Sinn des Wortes.

Abbildung 14: Big Picture der Hamburg Commercial Bank über die gelungene Transformation einer Landesbank in eine Bank mit privater Trägerschaft, HCOB 2022

Den Kern formulieren: Strategie als Erzählung

Nur 18 % der mittleren Führungskräfte, die für die Umsetzung der Strategie verantwortlich sind, können die wichtigsten strategischen Ziele ihres Unternehmens schlüssig erläutern. 95 % der Mitarbeitenden kennen die Strategie des eigenen Unternehmens erst gar nicht (vgl. Sull, Sull & Yoder 2018, sowie Ernst & Young 2019)[4]. Das fatale daran: Den meisten Menschen fällt es schwer, sich für Dinge zu begeistern, die sie nicht verstehen. Umgekehrt lässt sich das Engagement der Mitarbeitenden sichtbar steigern, wenn man ein klares Verständnis für das, wofür sie sich engagieren sollen, schafft (vgl. hierzu empirisch auch o.V. o.J.).

Ein Beispiel ist die Fallstudie Allianz in diesem Playbook (siehe Kapitel ➔ Fallstudie Allianz: #lead - What makes a great leader?). Der Konzern hat es nachweislich und statistisch haltbar geschafft, durch eine begeisternde Vermittlung, a) wohin die neue Reise des Unternehmens geht und b) welchen persönlichen Beitrag jeder Mitarbeitende dazu leisten kann, den sogenannten Performance Enablement-Index binnen zwei Jahren um fast 100 % zu steigern, sowie den Engagement-Index um 54 %. Dies zeigt eindrücklich, dass ergänzend zum eigentlichen Strategiepapier, vor allem auch die Erzählung dessen und das Einbinden einer breiten Belegschaft, einen entscheidenden Einfluss darauf hat, wie erfolgreich eine Strategie letztlich sein kann.

Was ist dann also Strategie als Erzählung? Nehmen wir an, jede Strategie beginnt mit einer Idee der Zukunft. Damit birgt sie Elemente einer Erzählung über die Schöpfung neuer Chancen und das Gestalten einer neuen Unternehmensrealität. Und wir gehen weiter davon aus, dass alle Strategien grundsätzlich die Möglichkeit in sich tragen, zu gelingen.

Und genau dies sind bereits die Eckpfeiler strategischer Erzählungen: Gelungene Strategien, die Menschen begeistern und Hoffnung geben, sind häufig Geschichten über die Zukunft ihres eigenen Unternehmens in einer lebenswerten Welt. Diese Strategien folgen damit einem „Gesetz" des erfolgreichen Erzählens, das der Autor der „Fegefeuer der Eitelkeiten" und Nobelpreisträger John Steinbeck wie folgt definiert hat: If a story is not about the audience, it will not listen. And hence I define a rule: A great and igniting story is about everyone and about yourself – or it will not last.

If a story is not about the audience, it will not listen. And hence I define a rule: A great and igniting story is about everyone and about yourself – or it will not last.

Es ist zweifelsohne herausfordernd, eine Erzählung zu entwickeln, die sich gleichzeitig um alle Zuhörerinnen und Zuhörer dreht – und über jeden, der sie liest – und dann noch über einen selbst. Noch viel schwieriger dürfte es sein, wenn diese Erzählung nicht fiktiv, sondern Wirklichkeit ist. Wenn es also nicht um das Füllen von leeren Seiten, sondern um das echte Leben geht: die wirkliche Zukunft meines eigenen Unternehmens, das Gestalten von Märkten und Angeboten und vor allem um die Menschen, die all das Wirklichkeit werden lassen sollen. Spätestens jetzt erkennt man, dass sich der Wert einer jeden gelungenen Strategie nicht allein an ihren quantitativen Zielen bemisst, sondern auch an der Zahl ihrer Follower: Je mehr Menschen du als Führungskraft in den Erfolg einer Strategie einbeziehen kannst, je mehr Menschen also für ein gemeinsames Ziel abgestimmt aktiv werden, desto wertvoller wird sie.

Eine der treffendsten Anforderungen an gute Geschichten bringt Jonah Sachs (vgl. Sachs 2012) auf den Punkt: Eine gute Geschichte ist…

Greifbar – eine gute Geschichte präsentiert Informationen so, dass man sie schnell erfassen kann. Man hat den Eindruck, sie zu „fühlen" oder zu „sehen". Stellt deine Geschichte also ein wer, was, wo und wann bereit?

Bezugnehmend – gute Geschichten sind uns wichtig, wenn wir Charaktere oder Werte aus der Geschichte entweder belohnt oder bestraft sehen wollen. Kann man sich mit deiner Geschichte also identifizieren, weil man die Motive versteht?

Eindringlich – gute Geschichten vermitteln den Eindruck, dass man eine Erfahrung teilt. Kann man aus deiner Geschichte oder deinen Charakteren etwas für das eigene Leben oder den eigenen Bereich lernen?

Denkwürdig – Geschichten nutzen reichhaltige Szenen und Metaphern, an die man sich, ohne groß zu überlegen, erinnern kann. Hinterlässt deine Geschichte also einen bleibenden Eindruck?

Emotional – Geschichten heben das emotionale Engagement (ja, sogar für eine trockene Strategie, die eigentlich nur auf finanziellen Kennzahlen fußt). Ermöglicht deine Geschichte also, etwas zu fühlen und nicht nur zu wissen?

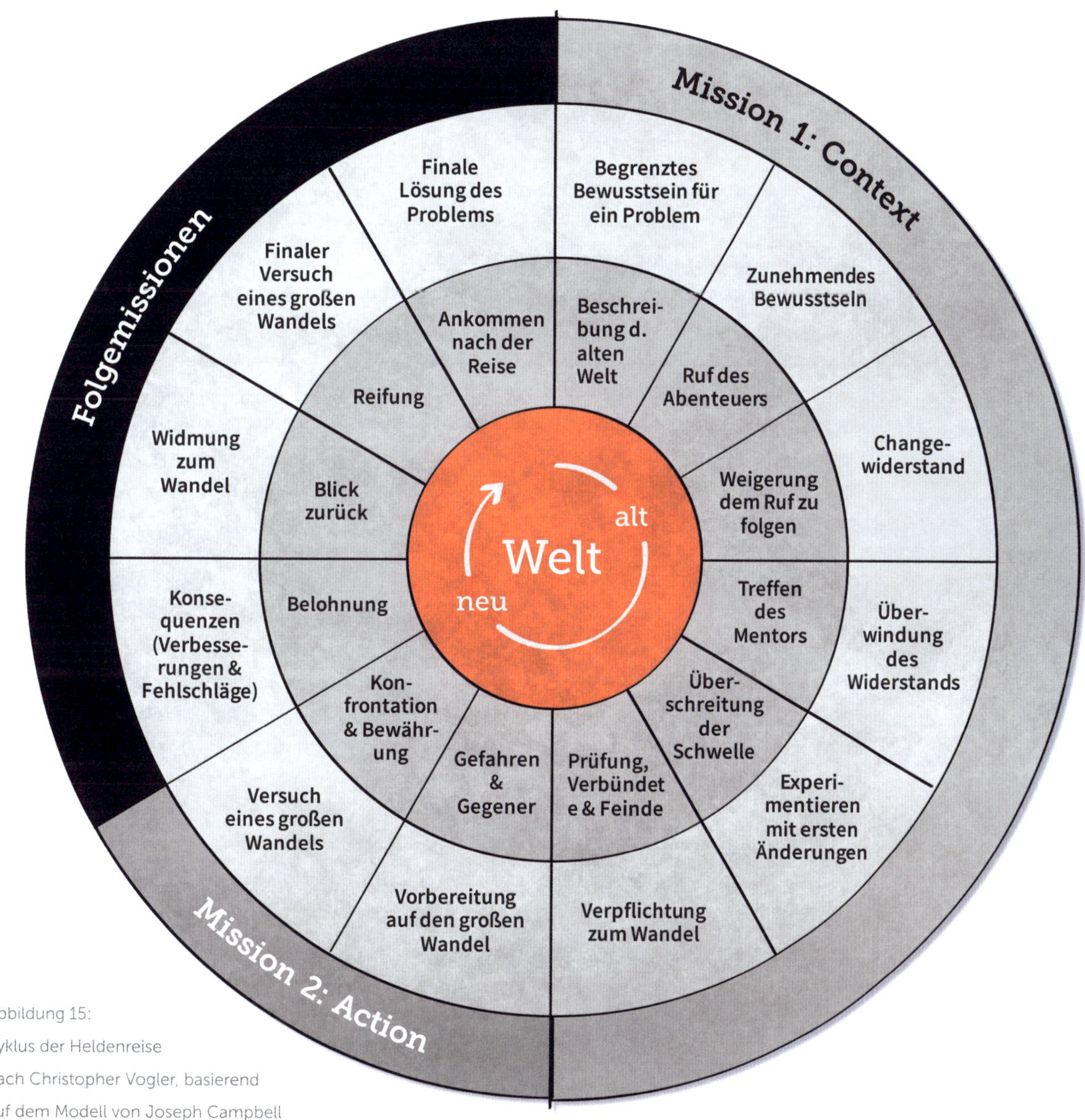

Abbildung 15:
Zyklus der Heldenreise
nach Christopher Vogler, basierend
auf dem Modell von Joseph Campbell

Doch wie genau formulierst du nun eine gute Geschichte, die greifbar, denkwürdig, emotional usw. ist? Schauen wir uns dies einmal genauer an.

Den Kern erfassen: Die wichtigsten handelnden Akteure als Quelle

Das Wichtige vorab: Um eine strategische Erzählung zu formulieren, brauchst du nicht viel Kreativität und auch kein schriftstellerisches Talent. Vielmehr musst du dir einige wenige zentrale Fragen stellen und anschließend gut zuhören. Wir gehen nun gemeinsam die Schritte, wie man zu einer guten Geschichte kommt, Schritt für Schritt durch.

Wer sind eigentlich die wichtigsten Menschen, die ich für die erfolgreiche Umsetzung meiner strategischen Ziele brauche?

Die erste Frage sollte die nach den handelnden Akteuren sein: Wer sind eigentlich die wichtigsten Menschen, die ich für die erfolgreiche Umsetzung meiner strategischen Ziele brauche (...a great and interesting story is about everyone and yourself or it will not last...)? Diese Frage beantworten die meisten hierarchisch: „Ich selbst und meine ‚Direct-Reports' und vielleicht noch ein paar aufstrebende Talente."

Aber ist das wirklich so? Sind dies die wichtigsten Menschen für die erfolgreiche Strategieumsetzung?

Die Frage nach den wichtigsten handelnden Akteuren lässt sich in unseren Augen weder alleine über Hierarchie noch pauschal über andere klare Kategorien beantworten – hat aber bereits viel mit dem Kern Ihrer strategischen Überlegungen zu tun. Nähern wir uns also einmal von unterschiedlichen Blickwinkeln:

- Wer soll letztlich erreicht werden mit der Strategie?
- Sind dies nur die Top-Führungskräfte oder reicht dies weit darüber hinaus?
- Wer genau muss die Strategie letztlich „liefern"?
- Wen betrifft sie am stärksten, wen am wenigsten?
- Wer wird sich ihr entgegenstellen und sie gar torpedieren?

Ob Unterstützer oder Gegner, die sich nicht umschiffen lassen: Die Frage bleibt: „Wer genau sind die wichtigsten Akteure, die du für die erfolgreiche Umsetzung deiner Strategie benötigst?" – was auf den ersten Blick simpel aussieht. Doch unsere Erfahrung ist: Selten wird die Frage, wen man eigentlich wirklich benötigt für den Erfolg einer Strategie, überhaupt erst gestellt und dann mit ihrer Antwort aktiv gearbeitet.

Wir haben gesehen, dass je nach Organisationsgröße rund 20 bis 40 Personen die Rolle ebendieser Schlüsselpersonen einnehmen (und nicht alle müssen Angestellte sein: Denke auch an Kunden, Geschäftspartner oder Investoren). Diese Liste zu erstellen ist bereits der erste Schritt, um sich dem Kern deiner Strategie zu nähern.

Durch systematische Fragen deine eigene Strategie besser kennenlernen – um sie als spannende Zukunftsgeschichte erzählen zu können.

Den Kern verstehen: Der Blick hinter das Strategiepapier

Als Nächstes willst du mit dieser Gruppe an Personen dich auf den Grund der Strategie begeben – und ein Bild zeichnen, das hinter dem geschriebenen Wort steht.

Eine Möglichkeit ist, sich in Tiefeninterviews diesem Kern zu nähern – und wir zeigen im Folgenden die Fragen-Cluster auf, die helfen, den Kern einer Strategie zu verstehen. Wir haben gute Erfahrung damit gemacht, die Gespräche „neutral" führen zu lassen, d.h. mit Menschen außerhalb des Geschäftsbereiches (oder Unternehmung), um den es geht. Und zweitens die Gespräche vertraulich zu führen – letztlich ist es für die Aktivierung ohnehin nicht wichtig, von wem die Antworten im Einzelnen kommen. Denn wie im Kapitel ➔ Komplexität in den Kontext setzen: Das Narrativ und das Gesamtbild beschrieben, wird die Geschichte später unabhängig von bestehenden Organisationseinheiten erzählt (Teams und Units finden sich bewusst im Bild nicht wieder – du versuchst, eine Geschichte aus Sicht des Gesamtunternehmens zu erzählen).

Solche Tiefeninterviews dauern typischerweise rund eine bis anderthalb Stunden. In den Antworten gibt es vor allem kein „Richtig" oder „Falsch". Denn es wird kein Faktenwissen abgefragt, sondern Einbettung, Einschätzung, persönliche Sichten. Jeder Gesprächsteilnehmer soll das aussprechen, was ihm als Erstes in den Sinn kommt (denn dies scheint dann in der jeweiligen aktuellen Wahrnehmung sehr präsent zu sein). Die Validierung erfolgt später durch einen anonymisierten und semantischen Vergleich der Inhalte aller ausgewählten Gesprächspartner. Das bedeutet: Je häufiger zentrale Aussagen getroffen werden, desto mehr scheinen sie derzeit das Denken (und Handeln) der Gesprächspartner zu prägen.

Die folgenden Frage-Cluster sind nicht zufällig, sondern sie folgen in ihrer Reihenfolge den Grundprinzipien des Erzählens: Wenn du das Gespräch gut geführt hast und dir am Ende von einem beliebigen Gesprächspartner die Fragen und Antworten laut vorliest, dann wirst du merken, dass du bereits eine Perspektive der Strategie als spannende Geschichte über die Zukunft in deinen Händen hältst.

Das Problem in vielen Strategiepapieren sind die „Konsens-Themen" – die Herausforderung ist: Wie erweckt man diese in Organisationen zum Leben?

Was sind die großen Trends?

Das erste Fragen-Cluster sollte den Kontext klären, in dem eure Strategie spielt. Es geht also um große Trends, d.h. die globalen Themen, die später jedem schnell zugänglich sind – schließlich bewegt sich dein Unternehmen innerhalb dieser Strömungen in der Welt, Gesellschaft oder Marktsituation. Vor allem suchst du nach Trends, die deine Mitarbeitenden selbst spüren und die offensichtlich etwas mit der Zukunft deiner Organisation zu tun haben.

Dem Pluralismus auf der Spur

Wichtig für das Gespräch: Wenn ein Trend genannt wird, frage direkt nach einem Beispiel, anhand dessen dieser erklärt werden kann. Denn dies ist die eigentliche Information, die du verstehen willst. Nehmen wir ein Beispiel: Im Gespräch wird der Trend „Digitalisierung" genannt. Dieses Schlagwort ist für sich viel zu breit und abstrakt, als dass man es später mit Inhalt füllen könnte – jeder in deinem Unternehmen kann sich etwas darunter vorstellen und doch können die Ansichten dazu weit auseinanderliegen. Das Beispiel, nach dem du fragst, ermöglicht, eine Szene zu beschreiben, die man intuitiv versteht. Zum Beispiel „Künftig werden unsere Produkte nur noch online gekauft und Läden gibt es dann nicht mehr".

Nun wird es spannend: Der nächste Gesprächspartner, der auch „Digitalisierung" als einen der drei wichtigsten Trends erkennt, wird, nachdem Sie ihn aufgefordert haben, ein konkretes Beispiel zu nennen, vielleicht antworten: „Mit intelligenten Algorithmen, die das Verhalten unserer Kunden messen, werden wir völlig neue Angebote entwickeln können."

Ein Trend. Zwei völlig unterschiedliche Antworten und damit Ausprägungen. Der Punkt ist: Beide sind weder falsch noch richtig, sondern persönliche Überzeugungen. Doch es sind ebendiese Überzeugungen, die bei der Strategieumsetzung ihr Handeln prägen werden. Bleibt diese Unterschiedlichkeit unausgesprochen, dann wird sie zum Konflikt und man spricht später, wenn die Strategie nicht wirksam wird, von „Insel-Lösung" oder „wir sind unabgestimmt" oder „es gibt eine versteckte Agenda". Ziel der Trend-Frage (und im Übrigen jeder der folgenden Fragen) ist es also, die verschiedenen Bedeutungen hinter Trend-Schlagworten zu verstehen.

Unterschiedliche Perspektiven einnehmen

Woran erkenne ich aber nun ein Schlagwort? Dazu gibt es eine einfache Faustregel: Jedes Wort, das man nicht zeichnen kann, ist zu abstrakt und damit tendenziell ein Schlagwort: „Liebe", „Strategie", „Digitalisierung", „Kundenfokus", „Innovation". All diese Worte lassen sich nicht zeichnen. Teste mal mit der nächsten E-Mail, die du an einen Kollegen schreibst. Unterstreiche alle Worte, die man nicht zeichnen kann, weil sie abstrakte Worte sind. Du wirst überrascht sein.

Ein Wort wie „Strategie" oder „Innovation" etc. ist nicht hochgradig kompliziert. Jeder versteht es. Jeder hat eine klare Bedeutung, die er mit dem Schlagwort verbindet. Jeder nutzt die Worte, kaum jemand hinterfragt sie. Und genau das ist das Problem:

Häufig gibt es völlig unterschiedliche Bedeutungen und diese führen dann zu Missverständnissen oder gar divergierenden Entscheidungen. Denn jedes abstrakte Wort eröffnet Interpretationsspielräume. Und nicht alle Menschen deuten diese Räume positiv. In der Strategie-Aktivierung wird es später darum gehen, Koalitionen gemeinsam für eine unternehmerische Zukunft zu begeistern. Wenn diese Zukunft jedoch bereits von Beginn an mannigfaltig interpretiert wird, dann nimmt man ihr ebenfalls bereits von Beginn die Schlagkraft – denn am Ende ziehen alle nicht nur an einem, sondern gleich an mehreren Strängen. Besonders fatal ist, wenn diese Uneinigkeit bereits im Führungsteam vorherrscht – dann wird diese Uneinigkeit qua exekutiver Rolle noch manifestiert. Oft nicht einmal bewusst.

Nehmen wir das Beispiel „Strategie". Sicher, irgendwie hat sich das Bild der Schachfiguren für Strategie etabliert. Doch sagen Schachfiguren etwas über eure spezifische Strategie aus, über das einzigartige Ziel, das ihr persönlich anstrebt? Erst wenn man Menschen bittet, ihre Strategie konkret zu erklären, kommen wir vom Abstrakten ins Greifbare.

Bild-Sprache erkennen und nutzen

Der letzte Hinweis für die Frage nach den Trends ist der für das Erkennen von Metaphern und verwendeter Bildsprache. Die Ergebnisse aus dieser explorativen Phase münden schließlich in einer Geschichte oder einem Bild (siehe Kapitel ➔ Komplexität in den Kontext setzen: Das Narrativ und das Gesamtbild). Die Inhalte dafür sind bereits in deiner Organisation erhalten: Sprechen deine Gesprächspartner von „PS auf die Straße bringen"? Sprechen sie von „Dann können wir richtig abheben"? Ist es ein „Wir müssen aus dem Maschinenraum heraus"? All dies sind Bilder, die enorm wertvoll sind für die spätere Aktivierungsarbeit – höre hier also ganz genau zu.

Welche Erfahrung habt ihr hier schon gemacht?
Das zweite Fragen-Cluster sollte die Geschichte erkunden – stelle also Fragen zur Vergangenheit. Fragen, die dir helfen, kollektive Erfahrungen aufzuspüren – gute wie schlechte: Was haben wir in unserer Geschichte Beeindruckendes erreicht? Wo sind wir so richtig vor die Wand gefahren?

Das Stellen dieser Frage hat zweierlei Vorteile. Erstens erfährst du von wichtigen Fähigkeiten oder Schwächen, auf denen man später aufbauen kann oder die man sichtbar machen sollte, um sie zu vermeiden. Zweitens bringt die Frage gleichzeitig der persönlichen Biografie deines Gesprächspartners eine gewisse Wertschätzung entgegen: Dein Erfahrungswissen ist wichtig, die Unternehmensstrategie erfolgreich werden zu lassen.

Die Zukunft gestalten mit dem Wissen um die Vergangenheit
Ziel dieser Frage ist es, Herausforderungen und Lösungen aus der Vergangenheit mit denen der vor Organisation liegenden Herausforderung in einen Zusammenhang zu bringen. Also: Was habt ihr gelernt aus euren Fehlern oder Errungenschaften, die, wenn wir unser Zukunftsbild zeichnen, wichtig sind? Entsprechend lassen sich die Antworten, die du erhältst, später in zwei Szenarien der Geschichte formulieren: (1) Wenn wir das damals geschafft haben, dann schaffen wir das, was vor uns liegt, erst recht. Oder: (2) Weil wir in der Vergangenheit schmerzhaft erfahren mussten, dass es so nicht funktioniert, versuchen wir es künftig auf einem anderen Weg.

Beispiele in Richtung (1) vermitteln Stolz, Besinnung auf die eigenen Kompetenzen und stärken die Identität. Noch viel wichtiger für die spätere Aktivierung der Strategie sind aber alle Beispiele von Projekten oder Initiativen, die in der Vergangenheit nicht zum gewünschten Erfolg geführt haben. Denn hier zeigt sich (2) Souveränität (wir stehen offen zu den Fehlern), Lernbereitschaft (das können wir besser) und Begründung für neue Wege (deshalb werden wir Folgendes versuchen).

Ein Beispiel im Kontext von „Innovation" ist die Erkenntnis im Aktivierungsprojekt eines großen international aufgestellten Verlages, dass alle erfolgreichen Magazine, die in den letzten 80 Jahren auf dem Markt gekommen sind, eines gemeinsam hatten: Sie alle existierten als funktionierende Nischenprodukte bereits im Markt.

Diese wurden vom Verlag entdeckt, aufgekauft, weiterentwickelt und zu führenden Magazinen in ihren jeweiligen Sparten. Wer sich dieser Innovations-DNA bewusst ist, sperrt seine besten Redakteure nicht wochenlang in einen Meetingraum, um einen neuen Titel zu kreieren, sondern begibt sich auf die Suche nach vielversprechenden Magazinen, um diese nach bewährtem Muster groß zu machen. Das ist ein völlig anderer Weg, die Wachstumsstrategie umzusetzen – weil man den bestehenden Erfahrungen genau zugehört hat.

Wie bringst du es auf den Punkt?
Das dritte Fragen-Cluster ist das der Essenz: Wie würdest du einer neuen Kollegin, einem Kollegen, der dich anspricht, die wichtigsten Ziele der Strategie in drei Sätzen erläutern? Solche und ähnliche Fragen helfen zu klären, ob die wichtigsten Menschen, die du für die Umsetzung eurer Strategie brauchst, eigentlich die gleichen Strategieziele wie du im Kopf haben. Hier wird also der Grad des Verständnisses und die Übereinstimmung abgefragt. Die „Zufallsbegegnung" mit dem jungen Kollegen auf dem Flur ist deshalb wichtig, damit keine langen Vorträge erfolgen, sondern jeder Gesprächspartner möglichst prägnant die neue Strategie auf den Punkt bringen kann. In der anschließenden Strategie-Aktivierung ist es wichtig, wenn die Geschichte for-

muliert wird, dass sie einfach ist. Die aus dieser Frage entstehenden Antworten sind ein Fundus dafür, diese Einfachheit sprachlich oder visuell herauszuschälen.

Wenn alles so bleibt?
Das vierte Frage-Cluster hilft, einen sogenannten „Case of Urgency" abzuleiten. Indem man beschreibt was geschieht, wenn alles so bleibt, schärft sich das Argumentarium der Dringlichkeit für eine Strategie. Darüber hinaus schafft diese Frage ein Bewusstsein für Inhalte der Geschichte, die man später erzählt: Nämlich, dass die Strategie auch den Zweck verfolgt, das Verharren im Hier und Jetzt abzuwenden. Gleichzeitig wird in den Antworten deutlich, wo Widerstand gegen die neue Strategie sein kann (v.a. dann, wenn Gesprächspartner beispielsweise keine großen Gefahren bei einem Scheitern der Strategie sehen oder sie die Relevanz der Strategie nicht so hoch einschätzen, als dass sie zu tatsächlichen Veränderungen führen könnte).

Was bedeutet eigentlich Erfolg?
Das fünfte Frage-Cluster richtet nun den Blick auf das Ende. Dafür empfehlen sich Gedankenexperimente: „Stellen Sie sich vor, heute in fünf Jahren hat die neue Strategie 100 % Erfolg. Woran würden es Mitarbeiter, Führungskräfte und Kunden erkennen?" Die Frage ist die einfachste und schwierigste der acht Fragen zugleich. Einfach, weil die meisten Gesprächspartner sofort mit einer Fülle von Antworten aufwarten. Schwierig, wenn sie gebeten werden, diese Antworten mit konkreten Beispielen zu untermauern. Dann sind diese nicht mehr ganz so offensichtlich.

Typische Antworten, die du erleben wirst: „Na, das ist völlig klar. Wir werden ein deutliches Wachstum erlebt haben. In Sachen Digitalisierung und insbesondere Kundenorientierung werden wir deutlich weiter sein als der Wettbewerb und wir werden in der Lage sein, Innovationen deutlich schneller auf die Straße zu bringen als heute."

Ergänzt wird der Dreiklang aus Digitalisierung, Kundenorientierung und Innovation in letzter Zeit noch durch den Wunsch, zur Verbesserung der Lebensqualität der Menschen/Kunden beizutragen. Soviel zum einfachen Teil der Antwort. Der herausfordernde Teil, der regelmäßig zu längerem Überlegen und Grübeln führt, ist dann die Nachfrage: Woran wird denn ein Kunde konkret erkennen, dass wir wesentlich kundenorientierter sind als alle anderen? Was erlebt er bei uns, was er in den anderen Unternehmen nicht erlebt?

Woran wird denn ein Kunde konkret erkennen, dass wir wesentlich kundenorientierter sind als alle anderen?

Wie beim Beispiel der Digitalisierung werden auch hier die Antworten sehr unterschiedlich ausfallen: „Die Kunden werden ein völlig anderes Premium-Erlebnis am Point of Sales haben. Sie müssen sich das so vorstellen, wie bei den Apple-Produkten im Technikermarkt. Die stechen total hervor." Bis hin zu: „Die Kunden werden bei uns schon bei der Konzeption der neuen Angebote miteingebunden sein. Wir werden nicht für Kundenbedürfnisse, sondern entlang den Kundenbedürfnissen designen."

Wieder zwei kluge Antworten als Beispiel für eine neue Form der Kundenorientierung. Beide sind weder richtig noch falsch. Beides sind Überzeugungen, woran man Kundenorientierung bei 100 % Erfolg erkennen würde. Entscheidend für die Aktivierung ist, auch in diesem Fall die Bedeutung hinter dem Abstrakten sichtbar zu machen.

Jetzt Chef und dann?

Das sechste Fragen-Cluster nimmt einen bewussten Rollenwechsel vor und ernennt den Interviewpartner zum neuen CEO. Was würde er in einer Exekutiv-Position tun? Mit solchen und ähnlichen Fragestellungen klären Sie die unterschiedlichen Prioritäten in den Köpfen der Gesprächspartner: Was müsste als Erstes passieren im

Hier und Jetzt? Im Ergebnis kann man aus diesen Antworten eine Reihe von möglichen Prioritäten ableiten. Natürlich sind die Antworten nicht Ursache einer Initiative, aber sie können abgeglichen werden mit den bereits existierenden Planungen und sinnvolle Ergänzungen sein oder gar auf weiße Flecken in der Planung hinweisen. Denn immerhin reflektieren die Antworten ja die Meinung der wichtigsten Menschen, die du für die Strategieumsetzung brauchst (siehe Kapitel ➔ Den Kern erfassen: Die wichtigsten handelnden Akteure als Quelle).

Wenn wir es einfach nicht hinbekommen?
Das siebte Fragen-Cluster stellt das Scheitern in den Mittelpunkt. Fällt es vielen schwer, konkret zu schildern, woran ein Mitarbeiter oder Kunde Erfolg erkennen würde, so fällt es vielen sehr viel leichter, zu beschreiben, woran die Umsetzung der Strategie scheitern wird. Spannend ist, dass selten die Strategie selbst infrage gestellt wird, sondern sozio-dynamische Effekte das Antwortenspektrum dominieren (siehe Kapitel ➔ Sozialdynamiken vernichten Strategie-Aktivierung): Zu wenig Abstimmung im Führungsteam, Bereichs- oder Silodenken, Leute fühlen sich nicht mitgenommen, wir sind nicht mutig genug, Entscheide werden nicht konsequent durchgezogen u.v.m. Das alles sind keine Gründe, die eine neue Strategie verlangen, aber gute Gründe, die man bei der Aktivierung unbedingt berücksichtigen muss. Denn auch hier gilt: Wenn von 30 Gesprächspartnern 26 „mangelnde Abstimmung im Führungsteam" als einen möglichen Grund für ein Scheitern angeben, dann sollte diese Hürde Teil der Aktivierungs-Strategie sein. Wir sprechen gerne von „gold nuggets" die sich hier offenbaren: Die Frage nach dem Scheitern liefert ungemein wertvolle Hinweise auf Stolpersteine bei der Aktivierung. Diese frühzeitig zu erkennen hilft, die Aktivierungsmechanismen daran zu orientieren.

Woran erkennt man den neuen Mindset?

Das achte Fragen-Cluster setzt direkt bei der siebten Frage nach dem Scheitern an: Welche Haltung oder welches Mindset könnte verhindern, dass genau diese Probleme auftreten? Ziel der Frage ist es, den Ursachen zu den befürchteten Problemen weiter auf den Grund zu gehen.

Du kannst durch Fragen einen Kontrast erbeten wie „Formulieren Sie bitte Sätze ‚von... zu'", um Aussagen zu schärfen. Ein Beispiel: „Von dem Suchen nach dem Schuldigen zu einer gemeinsamen Suche nach Lösungen." Hier wird eine fehlende Fehlerkultur angesprochen. Der Reflex, wenn etwas schiefgegangen, ist erst mal den Übeltäter zu finden und zu bestrafen und nicht den Blick nach vorne zu richten und zu überlegen, wie man aus dem Geschehenen lernen und vielleicht sogar Kapital daraus schlagen kann. Oder „vom Abarbeiten von Tasks zum gemeinsamen Entwickeln von Ideen". Hier geht es um eine fehlende Service- und Innovationskultur – man nimmt nur die Anweisungen der Geschäftseinheiten entgegen, um sie schnellstmöglich abzuarbeiten. Oder...

Den Kern zusammenfassen: Der Diskurs mit der Geschäftsleitung

Nun ist es so weit: Du hast ca. 30 Interviews geführt und hast damit bereits 30 spannende Geschichten über die Zukunft deines eigenen Unternehmens in den Händen. Geschichten von den großen Trends, die unsere Gesellschaft und Märkte bewegen (Frage 1), und wie wir mit solchen Herausforderungen schon früher mal mehr oder mal weniger erfolgreich umgegangen sind bzw. die damit verbundenen Lehren aus der Vergangenheit (Frage 2). Was passieren würde, wenn wir einfach so weiter machen wie bisher (Frage 3), und wie wir, um das zu verhindern, die wichtigsten Ziele auf den Punkt bringen (Frage 4). Dann haben wir beschrieben, voran wir Erfolg konkret erkennen würden und woran es die Kunden, Mitarbeiter oder Führungskräfte konkret festmachen (Frage 5) bzw. was der schnellste Weg zu diesem Erfolg ist (Frage 6). Und es wird kein leichter Weg sein (Frage 7) aber zusammen mit der richtigen Haltung (Frage 8), können wir es schaffen.

Um die Einzelaussagen nun zu einem Gesamtbild zu verdichten, legt man die Antworten nebeneinander und erstellt eine semantische Analyse. Dabei vergleichst du die anonymisierten Antworten in jeder Frage und clusterst sie zu Sinnzusammenhängen. Das verringert die Zahl der Einzelantworten und man kann erste Gruppenpräferenzen oder auch sehr unterschiedliche Deutungsräume aus ein und demselben Frage-Cluster erkennen. Das Ergebnis der Auswertung wird dann mit den Initiatoren der Strategie (z.B. dem Vorstand oder dem Aufsichtsrat) diskutiert.

In jedem Fall erreichen wir eines: Alle Gedanken, Perspektiven und Meinungen zur Strategie kommen auf den Tisch. Und das Beste: Sie werden, ohne dass der Rang oder die Funktion des Urhebers bekannt sind, neutral diskutiert, abgewogen und gemeinsam priorisiert. Die Diskussion läuft jetzt nicht mehr entlang von Konsensbegriffen wie „Digitalisierung", „Kundenorientierung", „Innovation" oder „Lebensqualität" (wer hätte schon etwas gegen diese schönen Worte?), sondern eine Ebene darunter: Woran würde man den Erfolg in diesen Dimensionen konkret erkennen, was sind die wichtigsten Schritte dahin. Auf welchen Erfahrungen können wir aufbauen und so weiter.

Aus diesem Alignment-Prozess entwickelt sich dann langsam die spannende Erzählung über die Zukunft des Unternehmens. Eine Strategie über eine mögliche Zukunft des Unternehmens, das Gestalten von Märkten und Angeboten und vor allem den Menschen, die all das erleben werden und so zunehmend motiviert sind, es Wirklichkeit werden zu lassen.

Das Ergebnis aus diesem Diskurs wird vollständig Teil der Geschichte und des visuellen Gesamtbildes (siehe Kapitel ➔ Komplexität in den Kontext setzen: Das Narrativ und das Gesamtbild). Doch widmen wir uns als Nächstes erst einmal den Netzwerken, in denen die Strategie-Aktivierung an Momentum gewinnt.

Woran erkennst du, dass du auf der richtigen Spur bist?

Der strategische Kern

Wenn du beginnst, bei der Strategie-Aktivierung über den Zweck der Strategie zu sprechen, dann ...

- haben die wichtigsten handelnden Akteure ihr Verständnis im Hinblick auf den Nutzen, den konkreten Mehrwert und die damit verbundenen Leistungen der Strategie geteilt.
- hast du Interpretationsspielräume, Deutungen und Missverständnisse aufgrund abstrakter Begriffe und Darstellungen minimiert.
- hast du durch die Einbindung von Schlüsselpersonen einen Zusammenhalt bewirkt und damit ideale Voraussetzungen für die spätere Aktivierung geschaffen.
- kennst du das Wissen, die Hintergründe, Einstellungen und Erwartungen der Schlüsselpersonen und hast diese zu einem gemeinsamen Gesamtbild verdichtet.

You never lose.
You either win
or learn.

Nelson Mandela

Die Wirkungsfelder des Strategy Activation Canvas Koalition für Resultate bilden: Die Bewegung

Bis zu diesem Punkt ist der Kern der Strategie also klar – in all seinen Facetten: von den finanziellen Kennzahlen bis zu kulturellen Stolpersteinen. Während das vorherige Kapitel beschreibt, wie man eine abgestimmte Erzählung formuliert, die die Menschen direkt mit einschließt, so widmet sich dieses Kapitel dem Aufbau einer sogenannten Bewegung. Und damit der Frage, wie sich die Erzählung im gesamten Unternehmen verankern lässt. Diese Verankerung ist das zweite Element des Strategy Activation Canvas im Wirkungsfeld „Kontext setzen".

Abbildung 16: Illustration des Strategy Activation Canvas. Playbook Strategie-Aktivierung 2022

Fallstudie NORD/LB Die #zukunftschaffen-Koalition

Sabine Pundsack

Wie andere Banken war auch die NORD/LB von den Folgen der Finanzkrise und hier konkret von den Auswirkungen auf die Schifffahrtsbranche betroffen. Nach erheblichen Wertberichtigungen im Schiffssegment – einem bis dahin starken Geschäftsfeld der Bank – und den damit verbundenen Effekten auf das Jahresergebnis 2018, war 2019 für die NORD/LB ein Jahr der Herausforderungen und des Neuanfangs. Die Wertberichtigungen im Zusammenhang mit dem Schiffsfinanzierungsportfolio hatten eine Kapitalunterstützung erforderlich gemacht, auf die sich die bisherigen Träger der Bank gemeinsam mit der Sparkassenfinanzgruppe Ende 2019 verständigt haben und die im Dezember 2019 umgesetzt wurde. Die vorgesehenen Kapitalmaßnahmen wurden zuvor nach eingehender Prüfung von der EU-Kommission für beihilfefrei erklärt. Mitentscheidend für das positive Votum aus Brüssel war dabei vor allem die Performance anderer erfolgreicher Geschäftsfelder der Bank in der Vergangenheit, die nunmehr die Basis für das zukünftige Geschäftsmodell der NORD/LB darstellen. Im Rahmen dieses Prozesses wurde gemeinsam mit den alten und neuen Eigentümern ein Zielbild für die NORD/LB entwickelt, das bis zum Jahr 2024 erreicht werden soll. Das im Jahr 2019 gestartete Transformationsprogramm wurde daher „NORD/LB 2024" genannt.

Mit der Transformation der NORD/LB sind ambitionierte Renditeziele verbunden. Damit diese Ziele erreicht werden können, muss die NORD/LB effizienter und schlanker werden. Um alle Mitarbeiter:innen der NORD/LB mit auf den Weg zu nehmen und das Programm NORD/LB 2024 in die erfolgreiche Umsetzung zu bringen, wurde Ende 2019 begleitend das Programm zur Strategie-Aktivierung #zukunftschaffen ins Leben gerufen. Als Leiterin des Projektes war es mir wichtig, dass die Transformation nicht als Top-down-Prozess empfunden wird, sondern aus der Organisation heraus angeschoben wird. Es sollte von Anfang an klar sein, dass alle Mitarbeiter:innen im NORD/LB-Konzern ein Teil von #zukunftschaffen sind – und nicht nur das verantwortliche Projekt- bzw. Aktivierungsteam. Dafür riefen wir die #zukunftschaffen-Koalition ins Leben: ein Multiplikator:innen-Netzwerk, von rund 100 Kolleg:innen mit besonderem Gestaltungswillen, die sich selbst beworben und bereits damit ihre besondere Motivation bewiesen haben.

Seit 2020 prägen und begleiten sie die Transformation der NORD/LB. Unabhängig von Hierarchie- und Bereichsgrenzen wirken sie daran mit, alle Kolleg:innen in der Bank mit auf den Weg in eine erfolgreiche Zukunft zu nehmen. Durch ihre persönliche Glaubwürdigkeit gelingt es ihnen, #zukunftschaffen in alle Bereiche zu tragen und dort mit gutem Beispiel voranzugehen. Gleichzeitig stellen sie sicher, dass #zukunftschaffen nah an den tatsächlichen Themen und Bedürfnissen der Organisation bleibt, indem sie ihre Eindrücke aus ihren Netzwerken in den Transformationsprozess einbringen.

Ihr erster Auftrag war es, der gesamten Organisation ein Bild von der gemeinsamen Zukunft zu zeichnen – im wörtlichen Sinne. In kreativen Workshops entwickelten die #zukunftschaffen-Koalitionär:innen die #zukunftschaffen-Karte, eine Strategielandkarte, die auf die Erfolge der gemeinsamen Geschichte ebenso eingeht wie auf die durch die Finanzkrise hervorgerufenen Turbulenzen. Gemeinsam mit Vorstand und dem Top-Management formulierten sie die Vision und das gemeinsame Zielbild der NORD/LB. Es zeigt, wie Kund:innen, Mitarbeiter:innen und Öffentlichkeit die neue NORD/LB erleben werden, wenn es gelingt die Strategie vollständig umzusetzen. Gleichzeitig zeigt die #zukunftschaffen-Karte die Herausforderungen, die noch bewältigt werden müssen, um zu einem anderem Mindset zu gelangen.

NORD/LB
#ZUKUNFTSCHAFFEN
KreditServices Nord
NORD/LB Covered Bond Bank Luxembourg
DEUTSCHE/HYPO Ein Unternehmen der NORD/LB
NORD/LB
Braunschweigische Landessparkasse
KOSTEN
NIEDRIGZINS
REGULARIEN
BANKENKRISE
LEHMAN BROS.
DISRUPTION
REPUTATION DER BANKEN
NEUE WETTBEWERBER
KREDIT-STRASSE
KREDIT-STRASSE
WIR SIND DAS VOLK
Kredit
STOPP! NICHT ABSCHALTEN! DAS LÄUFT DOCH NOCH GUT!
ON
OFF
GEWERBEGEBIET "ERTRAGSKRAFT"
WIR MACHEN NICHT ALLES NEU – ABER VIELES BESSER!
ABER WAS? UND WIE?
NA DAS HIER, UND SO GEHT DAS ...
KUNDEN
-ETAGE
KONSEQUENT
HANDELN
CHEF
ALTE DENKE
NEUE HALTUNG
TUT MIR LEID, DAS GEHT SO NICHT! WIR SCHAFFEN ES NICHT.
TUT MIR LEID, GEHT SO NICHT, ABER HIER IST EIN PLAN, WIE ES DOCH KLAPPEN KÖNNTE.
HIHI, DER KOLLEGE VON NEBENAN IST LAND UNTER ...
JETZT LIEGT ES AN UNS
ACH ... LASSEN WIR IHN MAL MACHEN ...
GESAMTBANKDENKEN
WIR WOLLEN DEN BESTEN PROZESS FÜR DEN KUNDEN.
NEIN, DAS MUSS SO SEIN!
ZUKUNFT GESTALTEN
MUTMACHER
WER IST HIERFÜR VERANTWORTLICH? JETZT WERDEN KÖPFE ROLLEN.
LÖSUNGEN FINDEN
OKAY! „WIR VERLIEREN NIE – WIR GEWINNEN ODER WIR LERNEN DAZU!" DARAUS KÖNNEN WIR WAS MACHEN.
SUPERMARKT
BINDEN ZU VIEL ARBEITSKRAFT UND BRINGEN ZU WENIG ERTRAG!
OKAY – IN ZWÖLF MONATEN GRÜN ODER RAUS!
PROGRAMM NORD/LB 2024
LERNE BANKKAUFFRAU! DAS IST WAS, BANKER ZU SEIN! DU TRÄGST VERANTWORTUNG FÜR GESELLSCHAFT UND WIRTSCHAFT – BEI DER NORD/LB SOGAR NATIONAL UND INTERNATIONAL.
KREDITE
NORD/LB
MEIN WEG
BLB/
WILLKOMMEN IM TEAM!
GEGENWART
PLATZ DER STAGNATION
UNSER WEG

Abbildung 17:
Das Big Picture #Zukunftschaffen zum Transformationsporgramm N24, NORD/LB 2022

Fallstudie NORD/LB

Das Motto „Von der alten Denke zur neuen Haltung“ steht auch im Zentrum der Aktivierungsmaßnahmen. Regelmäßig sollen alle Mitarbeiter:innen sich mit ihrer Rolle im Transformationsprogramm auseinandersetzen. Die #zukunftschaffen-Koalitionär:innen sind dabei wichtige Partner:innen, um die Inhalte der Aktivierungsmaßnahmen optimal an die Bedürfnisse und Situation der Organisation anzupassen. In Co-Creation-Workshops, die aufgrund der Corona-Pandemie seit Q2/2020 digital stattfinden, wird jede Aktivierungsmaßnahme gemeinsam mit der Koalition konzipiert und vorbereitet. Bevor die Ergebnisse in die Organisation ausgerollt werden, testen die Koalitionär:innen sie auf Praxistauglichkeit. Außerdem unterstützen sie das Projekt- bzw. Aktivierungsteam als Sounding Board mit Einschätzungen dazu, wo ihre Kolleg:innen gerade stehen. In Richtung ihrer Kolleg:innen geben sie Impulse, um das Thema #zukunftschaffen präsent zu halten. Alle Kolleg:innen regen sie damit zum Ausprobieren von kleinen Verhaltensänderungen im Sinne der neuen Haltung an.

Und schließlich nehmen die Koalitionär:innen eine wichtige Rolle als Unterstützer, und Sparringspartner der Führungskräfte ein, die die Aufgaben der Transformation zusätzlich zu ihrem Führungsalltag bewältigen müssen. Wann immer möglich, tauschen sie sich mit den Führungskräften und auch dem Vorstandsteam aus, wo man sich gegenseitig noch besser unterstützen kann. Das trägt zu einem offenen, hierarchieübergreifenden Austausch im Sinne der gemeinsamen Sache bei. Gleichzeitig unterstützen die Koalitionär:innen bei Bedarf tatkräftig und moderiert gemeinsam mit den Führungskräften Workshops in den Teams oder kanalisiert die Themen rund um #zukunftschaffen. So setzt die Koalition durch Wort und Tat selbst kontinuierlich Zeichen dafür, wie alle Kolleg:innen der NORD/LB gemeinsam Zukunft schaffen können. Sie ist Vorbild für die neue Haltung in der gesamten Organisation – und eine unabdingbare Unterstützung für das #zukunftschaffen-Projektteam.

Ziele einer Koalition

Wenn wir von einer Bewegung sprechen, dann meinen wir das Entstehen von sozialen Gruppierungen über formale Team- und Organisationsstrukturen hinaus. Bewegungen entstehen anhand von gemeinsamen Themen, Werten, „Feinden" – oft über Jahre hinweg. Es gibt keine oder kaum zentrale Steuerung, vielmehr finden sich Interessensgemeinschaften, die gemeinsam an einem größeren Ziel miteinander arbeiten und sich aktiv dafür einsetzen.

Für die Strategie-Aktivierung ist eine Bewegung dann hilfreich, wenn das Gemeinsame die Unternehmensstrategie ist und sich eine Vielzahl an Mitarbeitenden für sie aktiv einsetzt. Da sich Bewegungen kaum steuern lassen, haben wir gute Erfahrungen mit sogenannten Koalitionen gemacht. Ein wenig wie eine Vorstufe der Bewegung. Koalitionen lassen sich „schmieden", d.h. aktiv zusammenführen, und man kann ihnen zumindest einen Impuls geben, sich entlang eines gemeinsamen inhaltlichen Gefüges (der Strategie) aktiv zu formen. Der entscheidende Impuls für die Bildung einer Koalition zur Aktivierung einer Strategie kam vom Change-Management Experten Kotter, der vor einigen Jahren den Gedanken eines zweiten Betriebssystems in die internationalen Business Schulen und MBA-Programme getragen hat. Kotters Idee: Neben dem etablierten, hierarchischen und damit wenig flexiblen Betriebssystem ein zweites Netzwerk zu etablieren. Kotter empfahl in seinem Acht-Schritte-Erfolgsmodell (vgl. Kotter 2018), dieses zweite Betriebssystem aus freiwilligen Vertretern aus dem gesamten Unternehmen zu besetzen, die nach neuen Lösungen und Ideen suchen, den Wandel im Unternehmen voranzutreiben und gemeinsam über neue Strategien und Leitbilder zu entscheiden. Idealerweise – so Kotter – umfasst dieses zweite Betriebssystem „nur" 10 % der Belegschaft.

Diese Grundidee wollen wir weiterdenken und fügen seiner Idee der Freiwilligkeit noch weitere Dimensionen hinzu: Mehr als Freiwilligkeit, Ergebnisorientierung und Inklusion:

1. Freiwillige Teilnehmer sind nur eine von insgesamt sechs Koalitions-Optionen, die sich bei der Strategie-Aktivierung bewährt haben. Die Zusammensetzung der Koalition wird jeweils durch die Ziele der Strategie bestimmt.

2. Eine Koalition für Resultate sollte nicht „Change" als Ziel haben, sondern die Ergebnisse, die mit der neuen Strategie erzielt werden sollen.

3. Und das Wichtigste: Die Koalition ist kein Parallel-System, sondern eine Bewegung innerhalb existierender Organisations- und Teamstrukturen.

Was genau sollen dann aber Koalitionen in der Strategie-Aktivierung erreichen?

- Ziele der neuen Strategie weiter konkretisieren und manifestieren
- Sichtbarkeit der Strategie erhöhen und eine Vorbildfunktion einnehmen
- Expertise rund um die neue Strategie stärken
- Eigeninitiative und Verantwortungsübernahme in der Organisation gegenüber der Strategie etablieren – das wohl wichtigste Ziel, nachdem Sichtbarkeit und Wissen etabliert sind
- Motivation und Energie im Erreichen der Strategie aufrechterhalten sowie letztlich
- Netzwerkgedanken und Teamspirit stärken

Aufgaben einer Koalition

Mit diesen Zielen kommen einer Koalition im Wesentlichen vier Aufgaben zu:

- **Aufmerksamkeit schaffen:** Eine Koalition richtet in allem, was sie tut, die Aufmerksamkeit auf die Ziele, die man zusammen erreichen möchte.
- **Frage klären:** Die Koalition erklärt diese Ziele, indem sie sie so konkret macht, dass sie jeder versteht und auch begreift, warum sie so erstrebenswert sind, und entsprechend kaum noch warten kannn sie zu realisieren.
- **Überzeugen:** Die Koalition erinnert an die Stärken der Organisation (Was hat uns groß und erfolgreich gemacht), daran, welche Herausforderungen schon in der Vergangenheit gemeinsam gemeistert wurden. Sie appelliert an die Stärken eines jeden Einzelnen und wertschätzt die oft jahrzehntelange Erfahrung von Kolleginnen und Kollegen und fragt: Wie können wir all dieses Wissen, diese Kompetenz nutzen, um die vor uns liegenden Ziele schneller zu erreichen?
- **Stärken stärken:** Und die Koalition zeigt, dass jeder und jede den Job, für den sie oder er eingestellt wurde, richtig gut macht: im Vertrieb neue Kunden gewinnen, im Accounting sauber arbeiten, im Personalwesen Talente gewinnen, fördern und halten, in der Kundenbetreuung Probleme lösen und einen tollen Service bieten, im Marketing kreativ arbeiten usw. D.h., bereits 95 % der täglichen Arbeit sind wertvoll für das Erreichen der strategischen Ziele und der richtige Fokus auf die neuen Ziele in nur 5 % der täglichen Arbeitszeit kann einen enormen Unterschied für den künftigen Erfolg leisten.

Typen von Koalitionen

Wie genau können sich Koalitionen in Unternehmen bilden, die die Akzeptanz und Durchsetzungskraft von Strategien erhöhen?

Abbildung 18: Das strategische Ziel selbst und die damit verbundene neu aufzubauende Wertschöpfungskette bestimmt die Zusammensetzung der richtigen Koalition für Resultate, TATIN Institute 2022

Durch das Bilden einer Koalition verbreitern wir systematisch die Basis der Menschen, die sich abgestimmt und engagiert für das Erreichen der gesetzten Ziele einbringen. Je nach Zielsetzung sollte diese Koalition anders zusammengesetzt sein. In großen Organisationen mit mehreren Tausend Mitarbeitenden gibt es wahrscheinlich zeitlich unterschiedliche Koalitionstypen. Wir haben die folgenden Konstellationen bisher als zielführend erlebt:

- **Ausgewählte Schlüsselführungskräfte:**
  Beispielsweise in der Vorbereitung einer Übernahme

- **Alle Führungskräfte:**
  Beispielsweise bei der Verankerung neuer Leadership-Prinzipien oder Mindset-Change

- **Freiwillige aus allen Bereichen der Organisation:**
  Beispielsweise bei Transformations-, Turnaround-Programmen oder beim Einstieg in einen Kulturwandelprozess

- **End-to-End:**
  Beispielsweise bei Sales-Strategien oder Produktoffensiven, bei denen nur ein Teil der Organisation betroffen ist und die Teilnehmer entlang der gesamten „Wertschöpfungskette der Strategie" ausgewählt werden.

- **Multiplikatoren:**
  Beispielsweise bei Wachstumsstrategien oder der Eroberung völlig neuer Geschäftsmodelle oder Märkte. Auf Basis einer Stakeholderanalyse werden dabei die wichtigsten Meinungs- und Stimmungsmacher einer Organisation bestimmt. Untersuchungen zeigen, dass schon 3 % der Belegschaft über 80 % Einfluss auf die wahrgenommene Motivation der gesamten Organisation haben können.

Hat man je nach Strategie das ideale Koalitionsmodell für sich identifiziert, geht es anschließend darum, die richtig Größe zu bestimmen. Hier lohnt es sich, das Pferd von hinten aufzuzäumen. Was soll die Koalition am Ende erreichen? Woran würde man in der Organisation erkennen, dass sie erfolgreich tätig war? Eine Hilfestellung zur Bestimmung einer starken Koalition bieten die Aufgaben der Koalition und die damit verbundenen Leitfragen:

- **Awareness:**
  Ist es der Koalition gelungen, die Aufmerksamkeit der Organisation auf die neue Strategie zu richten?

- **Understanding:**
  Konnte die Koalition, die neue Strategie so vermitteln, dass jede(r) versteht, wohin die Reise geht und warum man sich auf den neuen Weg gemacht hat?

- **Preference:**
  Hat die Koalition Wege gefunden, dass jede(r) in der Organisation für sich den eigenen Beitrag zum künftigen Erfolg bestimmen konnte?

- **Action:**
  Hat die Koalition immer wieder Impulse gesetzt für zielgerichtete Zusammenarbeit und Handeln im Sinne der neuen Strategie?

Entscheidend ist, dass die Koalition den Ehrgeiz entwickelt, in der Organisation die richtigen Rahmenbedingungen für die vier Stufen zu setzen. Es geht nicht um Unterricht und Vorbeten, sondern um Anleitung zum Mitdenken und Ausprobieren. Um Raum für kontrollierte Experimente. Denn die meisten Mensch sind lernfähig, aber nur wenige wollen belehrt werden.

Rollen von Koalitionären

In jeder Koalition gibt es die sogenannten Koalitionäre – ihnen kommt eine aktive Rolle in der Strategie-Aktivierung zu. Wir haben Unternehmen gesehen, die haben Koalitionen gegründet, die fast wie eigenständige „Org-Design Units“ in Unternehmen gearbeitet haben. Andere haben Ambassador-Programme aufgesetzt und ihnen ein sehr aktives Mandat und viel Freiheit in der Gestaltung gegeben. Wie auch immer deine Koalition aussieht, ihre Mitglieder haben gleich mehrere Hüte auf:

- Multiplikatorenrolle für die neue Strategie
- Feedback-Geber für Aktivierungsteam/Vorstand/Sponsoren
- Impulsgeber/Botschafter in Teams und an Standorten bezüglich der neuen Strategie
- Vorreiter und „Tester“ für Aktivierungsmaßnahmen
- Vorbilder für die neue Organisationskultur: Eigeninitiative und Verantwortungsübernahme
- Ideenentwickler & Innovationstreiber
- Sparringspartner für den Vorstand

So entfaltet eine Koalition Wirkung als Brückenbauer zwischen Zukunft und Alltag. Wie viel Brückenbauer benötigst du also, um deine Organisation für eine neue Strategie zu aktivieren? Die Frage muss letztlich jeder für sich beantworten – das Beispiel der NORD/LB mit 4.500 Mitarbeitenden hat dieses Kapitel eingeleitet.

Woran erkennst du, dass du auf der richtigen Spur bist?

Die Bewegung

Wenn du eure Strategie bei der Strategie-Aktivierung nicht mehr im Alleingang nach vorne bringst bei der Strategie-Aktivierung, dann ...

- hast du eine (oder mehrere) Koalitionen an deiner Seite, die mit- und vorausdenken.
- bekommst du laufend Feedback zu entscheidenden Knackpunkten der neuen Strategie, die du beim Rollout direkt beachten kannst.
- nutzt du konsequent wichtiges Erfahrungswissen aus allen Bereichen deiner Organisation.
- hast du wichtige Multiplikatoren an deiner Seite, die aus Worten Taten werden lassen.

Die Wirkungsfelder des Strategy Activation Canvas Komplexität in den Kontext setzen: Das Narrativ und das Gesamtbild

Das dritte und letzte Element im Wirkungsfeld „Kontext setzen" ist das Erzählen einer emotionalen Geschichte in einer einfach zugänglichen und zugleich inhaltlich starken Bildsprache. Damit ist das Setzen des Kontextes vervollständigt: Du hast Klarheit über den Kern der Strategie, eine Bewegung in der Organisation, die Sicht- und Wirksamkeit der Strategie zu erreichen, und nun auch das Narrativ, das sie nicht vereinfachend reduziert, sondern gesamthaft zusammenhält.

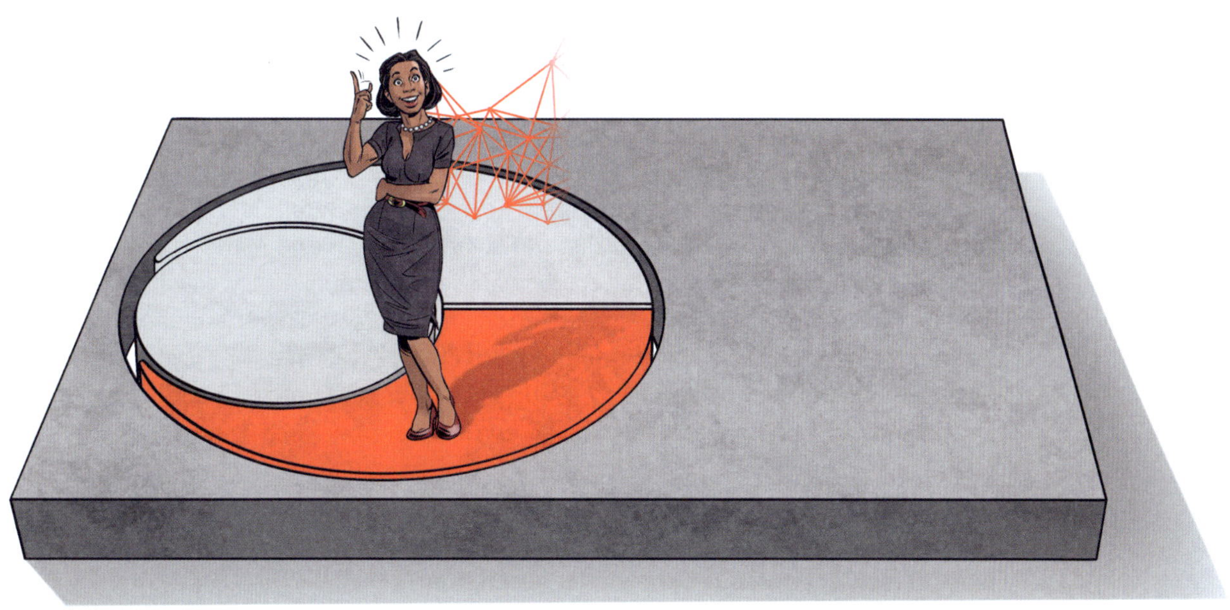

Abbildung 19: Illustration des Strategy Activation Canvas. Playbook Strategie-Aktivierung 2022

Fallstudie E.ON Vom Big Picture zur Big Action

Interview mit Frank Meyer

Der Energiedienstleister E.ON hat sich strategisch neu ausgerichtet – und ist mit Future Energy Home in den direkten B2C-Markt eingestiegen. Mit beeindruckenden Wachstumszahlen. Die neue Strategie wurde von Beginn an über ein Big Picture und Aktivierungsmechanismen etabliert – der dahmalig verantwortliche Senior Vice President B2C Solution Management sowie Innovation und heutige CEO E.ON Italien im Gespräch.

Ihr habt eine beeindruckende Umsatzsteigerung mit deinem Geschäftsbereich hingelegt – was waren die entscheidenden Stellhebel (retrospektiv) für den Erfolg?
Eines ist ganz sicher, dass wir von Beginn an sehr klar waren, was wir erreichen wollten: die Vision des sogenannten „Future Energy Home". Heute ist dies in aller Munde, damals war das revolutionär. Übrigens ein Konzept oder Begriff, den es eigentlich bis dahin nicht gab – und der gleichzeitig bei Mitarbeitenden und Marktteilnehmern ein Bild auslöst. Wir haben anfangs kaum nach aussen kommuniziert, weil wir erst einmal beweisen mussten, dass das Geschäftsmodell funktioniert. Daher haben wir viel mit unseren Mitarbeiterinnen und Mitarbeitern am Energiesystem der Zukunft gearbeitet. Dieses Bild und ein sehr klarer Fahrplan und Fokus in der Strategie haben uns geholfen, viel Momentum im Unternehmen zu erreichen.

Du beschreibst euren Weg, auf dem ihr mit 20 Mio. USD Umsatz losgelegt habt und dann in 4 Jahren auf 800 Mio USD Umsatz gewachsen seid – wie habt ihr ein ganz neues Geschäft quasi aus dem Nichts geschaffen?
Wir mussten eine gemeinsame Bewegung über verschiedene Länder hinweg aufbauen, die letztlich alle in die gleiche Richtung arbeiten. Das allein über Führungsarbeit zu realisieren ist anspruchsvoll (sieben Länder, mittlerweile elf, Matrixorganisation ...):

Von Italien bis Schweden (Beispiel) die Verantwortung über einen gemeinsamen Vertrieb zu haben, das ist nicht einfach. Wir haben uns dann eines sogenannten Big Picture (oder „Strategy Map" wie sie bei uns heisst) bedient – denn so konnten wir eine begeisternde Geschichte bildhaft erzählen: wo wollen wir hin, wo sehen wir Wachstum, wo sind wir als Marktspieler relevant, was ist unser raison d'etre. Mithilfe dieser Landkarte haben wir dann Schritt für Schritt über drei, vier Jahre ein Team aufgebaut – und glaubhaft gezeigt, dass wir als Team gemeinsam an einem Plan mitarbeiten, Einfluss nehmen, zugehörig sind. Nach dem Motto „Ich bin ein Rad in einem grossen Gefüge und kann ganz konkret etwas zum Erfolg beitragen". Um dies zu schaffen, hat uns unsere Strategy Map enorm geholfen – nein, wir haben sogar Ausserordentliches erreicht.

Das ist fast zu einfach – schaffen Big Pictures wirklich nur ein Gefühl von Zugehörigkeit?

Da habt ihr natürlich Recht – diese Bilder gehen weit darüber hinaus. Sie können – richtig eingesetzt – zum Führungsinstrument werden und gar eine Führungskultur etablieren. Sicher, die Bilder schaffen in einem ersten Schritt ein klares Verständnis darüber, worum es überhaupt geht. Dann aber immer wieder inhaltlich tief in die Materie, anhand des Bildes, einzutauchen und inhaltlich daran zu arbeiten (z.B. über zweiwöchentliche Performance-Dialoge), und das über verschiedene Länder und Kulturen hinweg, das prägt mittelfristig. Unser Bild war immer wieder ein Anstosspunkt für Dialoge und über die Zeit war dies das kulturbindende Element, das heute unser Führungsverständnis ausmacht.

Gehen wir doch mal ganz konkret in euer Bild – was sind für dich Schlüsselszenen und wie habt ihr damit gearbeitet als Führungsteam?

Für mich ist das vom „Supplyer" zum „Lösungsanbieter" – mit einem See vergleichbar, den man mit Schnellbooten überqueren muss. Booten, die zwar bereits unterwegs waren (d.h. wir haben losgelassen), aber noch keine Ahnung haben, wo sie überhaupt ankommen. Oder ob sie vielleicht sogar versinken. Allein über diese Unsicherheit zu sprechen, bei hohem Tempo unterwegs zu sein, und gleichzeitig glaubhaft und plausibel erläutern, man fährt in die richtige Richtung: Das sind inhaltliche Dialoge, die bekommst du mit keinem noch so gut moderierten Führungskräfteseminar hin. Das Spannende ist, dass Strategie und Bild enorm eng miteinander verwoben sind. D.h. Quartalszahlen, „business execution", Monat für Monat den Erfolg messen und zeigen – all das war ebenso Teil der Diskussionen. Irgendwann verschwimmt dann die Grenze zwischen Strategy Map und realer Strategie und dann merkst du, dass deine operative Arbeit wirklich zu etwas grossem Ganzen beiträgt.

Gab es auf eurem Weg eigentlich Momente, wo du sagst: „Die waren entscheidend für den Erfolg"? Oder hat der sich einfach irgendwann eingestellt?
Diese sogenannten tipping points gibt es tatsächlich. Einer war zum Beispiel, dass wir nach circa zwei Jahren zum ersten Mal als Team Erfolge feiern konnten. Wir hatten gezeigt: Es funktioniert. Unsere Strategy Map hat sich bewiesen und wir konnten dies gemeinsam feiern. Ein zweiter war, dass du auf einem solchen Weg genügend Leute brauchst, die auch mal risikobewusst Entscheidungen treffen, neue Wege zu gehen. Sicher – das hätte auch nicht klappen können – und dennoch haben ein paar mutige Entscheide dann wieder zu Erfolgen geführt, die wir feiern konnten. Ein weiterer Beweis, dass unser Weg funktioniert. Und wieder ein Stück mehr Mut in dem gesamten Unternehmen. Und versteh mich nicht falsch: Wir haben diese Zeit gebraucht. Eine Strategy Map verkürzt nicht die Wege, die man selbst gehen muss, sie stellt sie aber in einen Kontext, auf den man immer wieder verweisen kann. Und vielleicht löst ebendies Entscheidungen aus, die man sonst vielleicht gar nicht getroffen hätte. Und dann natürlich der tipping point „break even". Spätestens dann haben wir gezeigt: Unser Ziel- bzw. Zukunftsbild ist Realität.

Abbildung 20: Big Picture und Dialogkarte zur Transformation eines Energieproviders zu einem Anbieter von Energie-Lösungen, E.ON Future Energy Home 2022

Vereinfachung ist nicht die Antwort auf Komplexität: Die Kraft der Kontextualisierung

Nicht nur die Märkte, in denen wir uns bewegen, sind komplex. Es sind ebenso die Marktteilnehmer, und -dynamiken. Es sind die unzähligen Möglichkeiten, darauf zu reagieren. Es ist die Irrationalität der Entscheidungsträger, das Unvorhergesehene. Es ist die Gemengelage, in der wir tagtäglich Entscheide treffen – in der Regel entlang mal mehr, mal weniger bekannter Strategien.

Und so liegt es in der Natur einer Strategie, dass sie fast immer abstrakt ist – soll sie als Antwort auf Komplexität doch Klarheit schaffen, vereinfachen, auf das Wesentliche reduzieren. Sie soll alle verfügbaren Informationen zu wahrscheinlichen Zukunftsszenarien verdichten und daraus Richtungsentscheidungen ableiten. Und das ist auch gut so – denn eben diese Reduktion hilft, zu klären und Entscheidungen zu vereinfachen. In diesem Sinn sprechen Strategien die formalen Strukturen unseres Gehirns an. Das ist das Gedächtnis, das Faktenwissen sammelt, also Zahlen, Daten, Einzelheiten (Details) oder formale Verknüpfungen: personen-, orts-, zeit- und kontextabhängige Tatsachen. Also der Teil unseres Gehirns, der sich auf das "Merken" von abstrakten Inhalten spezialisiert hat.

The Answer to compelxity is context - not simplification.

Ansgar Thießen

Der formalen Struktur unseres Gehirns komplementär ist die emotionale Struktur.

Der formalen Struktur unseres Gehirns komplementär ist die emotionale Struktur – unser Gehirn muss nicht alles vereinfachen, es kann durchaus komplexe Zusammenhänge verstehen und verarbeiten sowie den Kontext erkennen. Unsere Erfahrung aus vielen Jahren der Strategiearbeit zeigt: Viele Mitarbeitende suchen sogar genau nach diesem Kontext. Nach den Zusammenhängen, den Schlussfolgerungen, den Querverweisen. Auch nach der Irrationalität und den noch ungelösten Themen. Entsprechend ergänzen wir die formale Struktur eines Strategiepapiers durch die emotionale. Die, die genau nicht reduziert, sondern erweitert. Die die Geschichte eines Unternehmens genauso im Gesamtbild zeigt wie seine Kultur. Seine Handlungsträger. Seine Errungenschaften und seine dunkelsten Seiten. Seine Erfolge und Erfahrungen, die man lieber nicht noch einmal machen möchte. Und schließlich ein hoch emotionales Zielbild, das nicht nur die Ratio abholt, sondern Freude, Stolz und Selbstverwirklichung adressiert. Kurzum: die Kontextualisierung einer Strategie.

Die Antwort auf Komplexität ist nicht immer die Reduktion. Keine Frage: Diese hilft, z.B. mit Investoren Dinge auf den Punkt zu bringen. Doch sie hilft nicht, eine Geschichte zu erzählen, mit der man sich identifiziert und seine tägliche Arbeit daran ausrichtet. Wir haben erlebt, dass ganze Managementschichten in der mittleren Ebene vor der Herausforderung stehen, dass präsentierte Strategiepapiere fast vollständig verwässern.

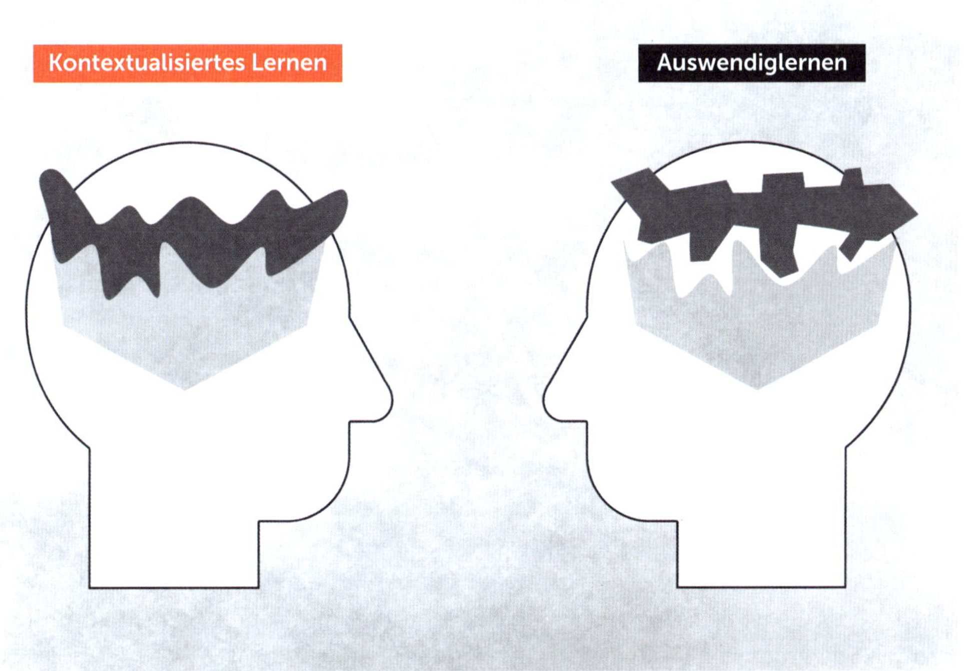

Abbildung 21:
Kontextualisiertes Lernen
vs. Auswendiglernen
nach Largo 2017,
TATIN Institute 2022

Denn wie die perfekt formulierten Dokumente dann mit den tagtäglichen, lebendigen Herausforderungen in Einklang zu bringen, obliegt oft jedem Manager selbst. Sich aus derart abstrakten Papieren dann auch noch zu inspirieren, fällt oftmals schwer – dies dann in die eigenen Teams zu übertragen erst recht.

> Die emotionale Umsetzung der Idee, auf Komplexität mit Kontextualisierung zu reagieren, ist das Zeichnen eines emotionalen Bildes. Eines sogenannten „Big Picture".

Auf Komplexität daher mit Komplexität zu reagieren erscheint auf den ersten Blick absurd – verwirrt man damit vermeintlich die eigenen Teams. Doch genau das Gegenteil ist der Fall – denn die Darstellung von Komplexität ist vor allem eines: ehrlich. Mitarbeitende können durchaus mit Komplexität und Widersprüchen umgehen. Gut dargestellte Komplexität hilft sogar, Zusammenhänge zu verdeutlichen. In der Kontextualisierung liegt daher eine Kraft, die Mitarbeitenden die Möglichkeit gibt, sich zurechtzufinden. Oder zu verlieren – um sich immer wieder neu auf die Suche nach den Zusammenhängen zu machen. Diese Grundhaltung, auf Komplexität mit Kontextualisierung zu reagieren, ist fundamental für die Idee des Zeichnens der Gesamtbilder (oder „Big Pictures") die wir im Folgenden eingehend beschreiben.

Zeichnen des Gesamtbildes: Die Kraft der Visualisierung

Die emotionale Umsetzung der Idee, auf Komplexität mit Kontextualisierung zu reagieren, ist das Zeichnen eines emotionalen Bildes. Eines sogenannten „Big Picture". In den meisten Strategien dominiert eine Symbol-Kommunikation, wenn es zur Visualisierung von Strategie im unternehmerischen Kontext kommt. Der Gedanke dahinter: die Welt, die Strategie, unser Alltag. Alles ist viel zu komplex. Wir müssen wieder einfach werden. Einfache Botschaften. Einfache Bilder und unsere Kolleginnen und Kollegen fühlen sich dann schon irgendwie mitgenommen. Botschaften müssen wiederholbar, einfach repetierbar sein. Begriffe und Konzepte sind dabei oft so unkonkret, dass sie wieder für fast jedes Unternehmen passen könnten („Digital First" oder „Customer Centricity" oder „Quality in everything we do" oder...).

Interessanterweise erkennst du abstrakte Inhalte mit einer sehr einfachen Fragestellung: Kannst du sie zeichnen? Bei der Beantwortung dieser Frage wirst du schnell feststellen, dass wir zwar Symbole für viele abstrakte Begriffe entwickelt haben, ein Herz für die Liebe, eine Schachfigur für Strategie, ein Smiley für Freude. Aber diese Symbole (obwohl gezeichnet) haben ihrem Wesen nach eines gemeinsam: Sie erklären nicht. Man versteht nicht, warum da Liebe ist, wohin die Strategie führen soll oder wie diese Freude entsteht.

Machen wir das konkret an einem Beispiel aus der Praxis, am Zusammenschluss von zwei Mobilfunkanbietern vor einigen Jahren. Im Rahmen des Post-Merger-Managements wurde auch das Thema Kommunikation ausführlich besprochen. Der Marketing-Leiter war im Lead und präsentierte im Vorstand sein "Keyvisual" für die Kommunikation des Zusammenschlusses. Auf einem Plakat wurde eine "Verlobungsszene" gezeigt. Ein Mann kniet vor einer Frau. Leichtes Gegenlicht. Der Ring im Mittelpunkt der Aufnahme. Dazu der Text: "A once in a lifetime moment" – Mobilfunkunternehmen A und B gehen zusammen. Das Bild war ohne Frage professionell abgelichtet. Hoch emotional.

Die Botschaft eine einfache und klare Symbol-Kommunikation und alles in allem gänzlich ungeeignet für die interne Kommunikation. Warum? Es erklärt nichts. Es reduziert den Zusammenschluss zweier Unternehmen auf ein Symbol oder eine Emotion. Was in der Produktwerbung durchaus seine Berechtigung haben mag und Wirkung entfalten kann, also in einem Kontext, in dem sich einzelne Individuen spontan oder bewusst, aber in jedem Fall ohne Zwang für oder gegen ein Angebot entscheiden, entfaltet in einer Situation, in der eine große Gruppe von Menschen mit einer unausweichlichen und nahenden oder bereits vollzogenen Realität konfrontiert wird, eine ganz andere Wirkung. Nicht der "once in a life-time Moment" bewegt diese Menschen, sondern Fragen, wie "Welcher Turm wird fallen?", "Wo wird das neuen HQ sein?", "Wer wird Gewinner oder Verlierer des Zusammenschlusses sein?", "Warum sollen wir zusammen eigentlich mehr Erfolg haben?". Du siehst: Strategie ist eben nicht einfach, sie ist komplex und Menschen fragen nach Kontext.

All die gestellten Fragen beziehen sich intuitiv auf den Kontext, indem die Fusion sich abspielt. Und sie sprechen den wesentlich effektiveren Teil unseres Gedächtnisses an, nämlich den, der mit narrativen Strukturen, also dem episodischen Gedächtnis, das Erlebnisse, Ereignisse und Erfahrungen (räumlicher, zeitlicher und inhaltlicher Kontext von Gedächtnisinhalten) verarbeitet. Es wird übrigens auch der Teil des Gedächtnisses sein, der in dieser Post-Merger-Situation, die "echte" interne Kommunikation massiv prägen wird. Das Tischgespräch mit Kollegen, der Flurfunk. Das Gespräch zu Hause oder im Freundeskreis. Es sind Geschichten, die uns treiben – nicht Fakten. Geschichten enthalten Fakten, aber diese Fakten verhalten sich zu den Geschichten wie das Skelett zum ganzen Menschen. Einzelheiten machen nur im Zusammenhang Sinn. Und es ist dieser Zusammenhang und dieser Sinn, der die Einzelheiten interessant macht. Und es sind genau diese erzählerischen Kontexte, die Menschen intuitiv nutzen, um großer Komplexität (wie dem Zusammenschluss von zwei Unternehmen mit vielen 10.000 Mitarbeitern) Sinn zu geben. Die Frage aus Sicht der Strategie-Aktivierung lautet nun: Können wir diese Mechanismen nutzen?

Das Tischgespräch mit Kollegen, der Flurfunk. Das Gespräch zu Hause oder im Freundeskreis. Es sind Geschichten, die uns treiben – nicht Fakten.

Ein Weg, dies zu tun, ist, auf den Sprachgebrauch zu achten. Wenn von Führungskräften und Mitarbeitern Bedürfnisse gegenüber "Strategie" artikuliert werden, dann ist häufig von dem großen Ganzen die Rede, das man verstehen möchte, "Man möchte sehen, wohin das Ganze führt"? im Englischen wird beispielsweise häufig vom "Big Picture" gesprochen.

Strategie-Aktivierung
ist nicht alles.
Aber ohne Aktivierung
ist jede Strategie nichts.

Robert Wreschniok

Big Pictures – Strategielandkarte & Storytelling

Das Zeichnen von Big Pictures führt zwei in der Strategiearbeit zentrale Mechanismen zusammen: erstens das Storytelling, also das Erzählen einer fesselnden und einfachen Geschichte, und zweitens die inhaltliche Tiefe und Fakten der Strategie.

Das ist wichtig zu verstehen, denn eines der ersten Kritikpunkte gegenüber Big Pictures ist ihr „Kindergartencharakter".

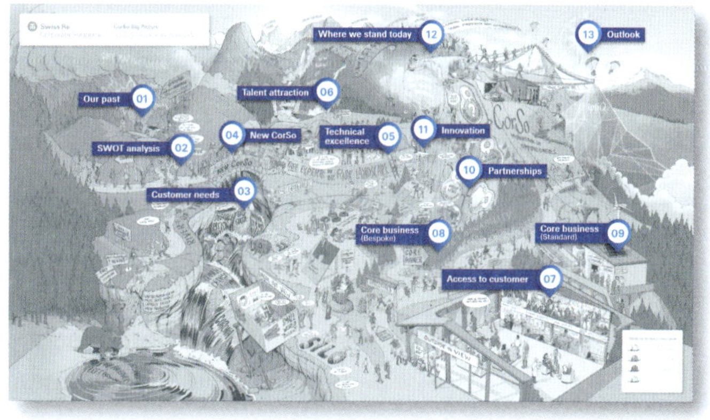

Abbildung 22: Big Picture von Swiss Re Corporate Solutions (unten) und der direkte Bezug zur Unternehmensstrategie (oben), Swiss Re CorSo 2022

Wer jedoch genau die inhaltliche Verankerung in den starken inhaltlichen Strategiepapieren verkennt, der verkennt auch den Sinn eines Big Picture. Um dies zu verdeutlichen, zeigen wir einmal eine typische Struktur eines Big Picture. Ganz grob können die Bilder drei Segmente haben:

Die Historie und das Warum einer Strategie
Hier zeigst du einerseits auf, wieso es ausgerechnet jetzt eine neue Strategie braucht und auf welchen Annahmen sie sich stützt. Und andererseits, was euch als Unternehmen oder Team stark macht, gemeinsam erlebte Erfahrungen, Projekte die gut gelaufen sind, und auch Erfahrungen, die ihr bewusst nicht noch einmal machen wollt.

Die Gegenwart oder das Wie einer Strategie
Hier fasst ihr alle Hebel, Initiativen, Kompetenzen zusammen, die es braucht, um die Strategie zu erreichen. Dies müssen nicht unbedingt Kompetenzen sein, die ihr heute bereits habt – viele Big Pictures, die wir gezeichnet haben, zeigen hier gewünschte Verhaltensweisen, Technologien, Produkte etc. auf – eben alles, was notwendig ist, die Strategie zu erreichen.

Die Zukunft oder das Was der Strategie
Dies tönt fast banal – doch ist dieser Teil fast der, der die grösste Klarheit verschafft. Denn er bringt auf den Punkt, was letztlich erreicht werden soll: Das neue Geschäftsmodell in seiner einfachsten Form, das neue Kundensegment unmissverständlich umrissen, usf. In diesem Teil des Bildes kann es auch stark sein, Kunden, Investoren, Regulatoren, Mitarbeiter o.a. zu Wort kommen zu lassen: Wie erleben sie, dass die Strategie erfolgreich war?

Der Blick zurück ist übrigens wesentlich – denn den meisten Menschen fällt es schwer, sich für Ziele zu motivieren, die sie nicht verstehen. Und es hilft, das Warum Schritt für Schritt zu erläutern: WARUM machen wir das? Und WAS genau wollen wir erreichen? Beides auf einem Bild zu vereinbaren, lässt Führungskräfte und Mitarbeitende intuitiv beginnen, sich zu fragen: WIE kann ich persönlich dazu beitragen, dass diese Geschichte Wirklichkeit wird und welche Herausforderungen liegen auf dem Weg?

Abbildung 23: Narrative Elemente eines Big Picture im Detail: „Unsere Geschichte"; „Die Herausforderung"; „Was passiert, wenn wir einfach so weiter machen?" (v.l.r.), TATIN Institute 2022

Eine starke Quelle für die Versinnbildlichung des Big Picture sind sicher die Tiefeninterviews aus dem Kapitel ➔ Den Fokus setzen: Der strategische Kern). Insbesondere die Bildsprache kommt aus diesen Interviews hervor: Ist es das Bild eines Theaters? Das einer Rennstrecke? Das einer Berglandschaft? Jedes Unternehmen pflegt seine eigene Bildsprache, in den Interviews genau zuzuhören hilft, das Grundthema des Bildes zu erfassen.

Dieses Grundthema wird dann ergänzt um Antworten, auf Leitfragen wie...

Geschichte

- Was hat uns in der Vergangenheit stark gemacht?
- Welches waren Themen, an denen wir gescheitert sind?
- Was haben wir daraus gelernt?
- Waren wir bereits an einem ähnlichen Punkt?

Gegenwart

- Der Blick von außen: Welches sind die großen Trends in Gesellschaft und Markt, die strategische Weiterentwicklung unabdingbar machen?
- Der Blick von innen: Was ist unsere Rolle als Unternehmens-Unit in der Unternehmensgruppe? Wie sind wir strategisch eingebettet?

- Woran könnten wir scheitern?
- Was würde geschehen, wenn wir uns nicht verändern?
- Welches sind die wichtigsten Prioritäten auf dem Weg dorthin?
- Welche (unternehmerischen und persönlichen) Fähigkeiten und welches Können müssen wir heute entwickeln, die uns bislang noch fehlen?

Zukunft

- Was ist eigentlich im Kern die neue Strategie?
- Was die neuen Geschäftsmodelle? Was die neuen Markt-/Kundensegmente?
- Woran würden wir erkennen, dass wir unsere Ziele zu 100 % erreicht haben (Kunden, Mitarbeiter, Investoren...)?
- Was bedeutet das für uns als Organisation im Ganzen und unsere Haltung/Mindset als Individuum?

Diese Grundstruktur lässt sich beliebig erweitern – je nachdem, wie viele Segmente und Szenen man in ein Big Picture einbauen will. Hier einmal beispielhaft ein Big Picture, in dem man sehr schön die Dreiteilung mit einigen weiteren Aufteilungen erkennt:

Erfahrungen Auf was können wir aufbauen?	**Interne Heraus-forderungen** Was wollen wir verbessern?	**Moments that Matter** Worauf kommt es an, damit die Strategie im Tagesgeschäft gelebt und erfahrbar wird?	**Vision** Wie wird es sein, wenn wir unsere Ziele verwirklicht haben?
Negativ Szenario Was passier,t wenn wir nichts verändern?	**Externe Einflüsse** Was müssen wir akzeptieren?	**Wesentliche Initiativen** Wie können wir unsere Ressourcen bündeln, um unsere Wettbewerbsposition zu verbessern?	**Monitoring** Wie messen wir, ob wir auf dem richtigen Weg sind?

Abbildung 21: Themenkanon eines Big Pictures (TATIN 2022)

Entscheidend ist, dass jede Szene, jedes noch so kleine Detail eine inhaltliche Referenz hat. Eine Referenz in erster Linie auf die Gesamtstrategie, aber auch auf die Sales-Strategie, die HR-Strategie, die Kundensegmentierung – kurzum: auf alle zentralen existierenden Konzepten der Unternehmensführung. Gleichzeitig nehmen die bildhaften Darstellungen Referenz auf Projekte, die Kultur, erwünschtes Verhalten etc. Nichts ist dem Zufall überlassen – die gesamte Bildsprache findet sich in Daten, Fakten und Analysen wieder. Und genau das macht das Bild so stark: Es ist eine bildhafte Erzählung (Storytelling) des Warum, Wie und Was einer Strategie (Strategielandkarte).

Abbildung 24: Big Picture einer digitalen Transformation, Agilität ist keine Frage der Technologie, sondern des Mindsets, TATIN Institute 2022

Verinnerlichung strategischer Inhalte
Nun habe ich also ein Big Picture – doch mal ehrlich, was habe ich jetzt davon? Schauen wir uns den Mechanismus abschliessend noch einmal aus der Perspektive des organisationalen Lernens an.

Allem voran erreichen Big Pictures eine sichtbar verbesserte Chance, dass die Strategie tatsächlich bei den Kolleginnen und Kollegen ankommt und verstanden wird. Wird eine Strategie z.B. mit PowerPoint präsentiert, bleiben durchschnittlich nur 20 % der Inhalte im Bewusstsein hängen. Eine aktive Auseinandersetzung mit einem visualisierten Big Picture führt zu einer Quote von bis zu 90 % verinnerlichter strategischer Inhalte.

Darüber hinaus schafft das Big Picture eine Art „Präsenzwissen", das für jeden verfügbar ist, und damit auch zu Verbindlichkeit im Hinblick auf das Verhalten im Alltag führt. Es erlöst alle Beteiligten, immer gleiche und mit jeder Wiederholung zunehmend nichtssagende Kernbotschaften auswendig zu lernen und vorzubeten, sondern erlaubt jedem, die gleiche Geschichte über die Zukunft der Organisation in eigenen Worten zu erzählen, entlang anschaulicher, konkreter Szenen. Es verhindert so unterschiedliche Interpretationen.

Big Pictures erlösen alle an einer Strategie beteiligten, durch Wiederholung nichtssagende Kernbotschaften zu verfestigen, und sie mit Leben zu füllen.

Und: Jeder Mitarbeiter erkennt sich in verschiedenen Szenen wieder, kann Selbstbezug entwickeln und seinen eigenen Beitrag zum großen Ganzen klären. Durch den besonderen Zeichenstil können auch kritische Elemente, Bedenken und Herausforderungen so dargestellt werden, dass sie zu breiter Akzeptanz und Verständnis führen und verhindern, dass Fehler der Vergangenheit wiederholt werden.

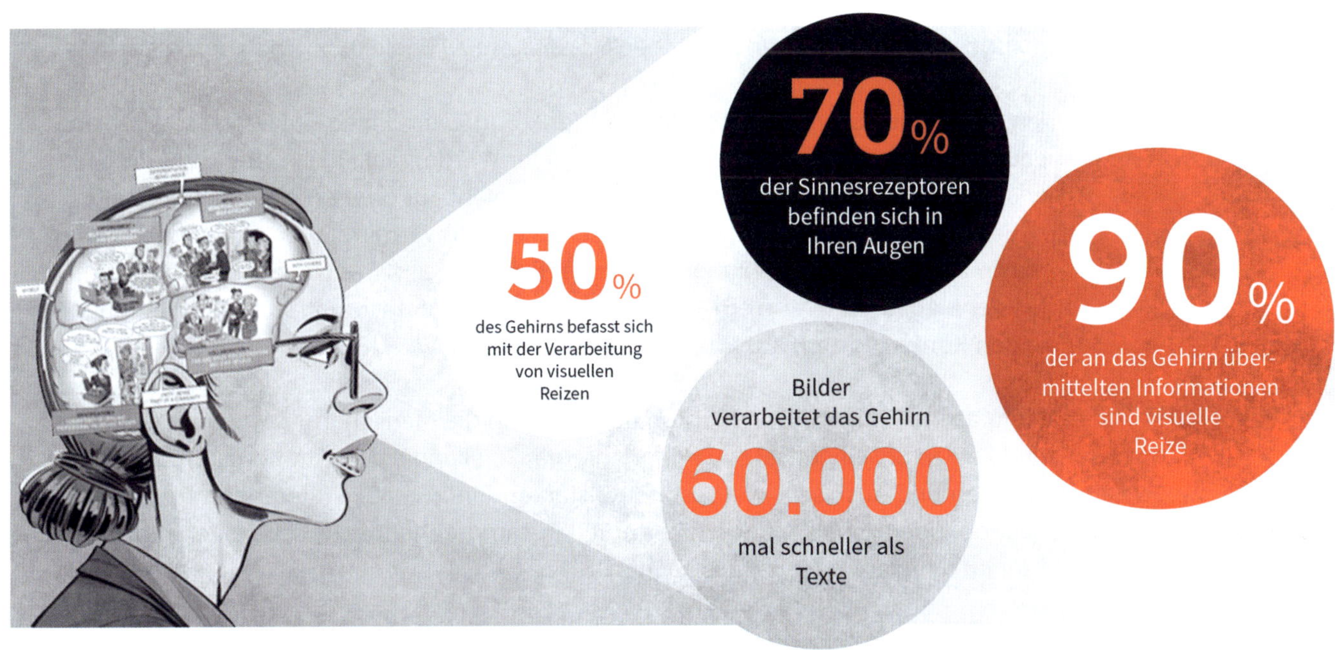

Abbildung 25: Wirkungskraft von visueller Kommunikation, TATIN Institute 2022

So kann ein Big Picture als zentrale Aktivierungsplattform dienen, um einen Transformationsprozess bis zur erfolgreichen Umsetzung zu begleiten und zu beschleunigen.

Ein einmaliges & unverwechselbares Werkzeug: Der Comic-Stil unterscheidet sich deutlich von gewohnter Unternehmens- oder Werbegrafik. Er ist „merk-würdig" und erlaubt, auch schwierige Themen (z.B. Personalabbau) oder emotionale Inhalte (z.B. neue Arbeitsweisen) effektiv und wertschätzend zu vermitteln. Entscheidend für die maximale Aktivierungswirkung ist, dass der Empfänger etwas Neues und Ungewohntes sieht. Auf diese Weise erhöhen wir die kognitive Verankerung strategischer Inhalte in den Köpfen von z.B. 20 % (PowerPoint) auf bis zu 75 %-90 %.

Mehr als nur Fakten: Geschichten beschäftigen die Menschen mehr als reine Fakten und Zahlen. Im Gegensatz zu reinen Infografiken kann der Illustrationsstil Emotionen erfassen und auslösen, die besonders starken Einfluss auf Präferenzen & Verhalten haben. Zudem erlaubt der bildhafte Stil, Zusammenhänge zwischen den einzelnen Szenen stringent erlebbar zu machen.

Probleme ehrlich ansprechen & lösen: Um die Aktivierung der Mitarbeitenden und ihre Auseinandersetzung mit strategischen Inhalten bestmöglich zu erreichen, ist es entscheidend, auch das, was noch nicht richtig funktioniert, zu visualisieren. Der angewandte Illustrationsstil schafft eine Kommunikationsplattform, auf der es Führungskräften leichter fällt, über Schwächen oder ungelöste Probleme zu sprechen. Gleichzeitig hilft der Stil den Mitarbeitern, die Probleme zu erkennen, und steigert durch diese selbstbewusste Transparenz die Akzeptanz der Strategie.

Strategiekarten basieren auf den Prinzipien des STORY TELLING: Woher kommen wir? Was hat uns erfolgreich gemacht? Wohin geht die Reise? Was macht den Unterschied auf unserem Weg zur Verwirklichung unserer Ziele aus? Woran werden wir und unsere Kunden den Erfolg erkennen und erleben? Indem sie eine fesselnde Geschichte erzählen, bieten Strategiekarten eine konkrete Antwort auf das allgegenwärtige Problem der Komplexität – nicht durch Vereinfachung, sondern durch die Vermittlung des Gesamtkontextes.

"Moments that matter"-Ansatz: Ein letzter wichtiger methodischer Hebel zur Strategie-Aktivierung besteht darin, abstrakte Zahlen, die auf zukunftsorientierten Strategien basieren, in die sogenannten "MOMENTS THAT MATTER" zu übersetzen (siehe hierzu auch ➔ Fokus auf Momente, nicht Zahlen in diesem Playbook). Damit meinen wir die Momente in alltäglichen Arbeitserfahrungen eines Mitarbeiters, die schon heute den größten Einfluss auf den künftigen Erfolg haben können. Big Pictures fassen diese Momente in einer Storyline zusammen und schaffen auch für die später beteiligten Kolleginnen und Kollegen ein Präsenzwissen für die größten gemeinsamen Erfolgshebel bei der täglichen Umsetzung der Strategie.

Unser Gehirn verarbeitet Bilder 60'000-mal schneller als Text. Visuell aufbereitete Inhalte werden 94 % öfter im Internet aufgerufen als Inhalte ohne Bilder. Die Erinnerung an visuelle strategische Schlüsselinhalte wird bis zu 75 % erhöht. Aber Strategie wird zu 98 % als PowerPoint vermittelt. Big Pictures zeigen: Dies muss nicht sein.

Woran erkennst du, dass du auf der richtigen Spur bist?

Der Narrativ und das Gesamtbild

Wenn du die Strategie als die spannende Geschichte über die Zukunft deiner Organisation in der Strategie-Aktivierung erzählst, dann ...

- beantwortest du die Frage der Komplexität durch Kontext, nicht Bullet Points.
- sprechen alle über das gleiche Big Picture, aber mit eigenen Worten.
- findest du dich, dein Team und das große Ganze auf einen Blick.
- wird dir klar, dass Identität aus Vergangenheit, Gegenwart und Zukunft entsteht.
- findest du auch alle kritischen Themen und Herausforderungen, um sie zu diskutieren und in Erinnerung zu rufen.
- wird die Strategie als spannende und visuelle Geschichte zum Präsenzwissen und nicht zu einer weiteren PowerPoint-Leiche.
- teilst du mit allen anderen Kollegen ein konsistentes, gemeinsames und schlüssig abgestimmtes Zielbild.
- wird das, was ihr zusammen erreichen wollt, allen so klar, dass sie direkt loslegen möchten.

Die Wirkungsfelder des Strategy Activation Canvas Strategie- und Transformationsprozesse beschleunigen

Im Strategy-Activation Canvas bewegen wir uns nun vom Wirkungsfeld Kontext-Setzen in den Teil der Aktivierungsmechanismen. Während die Elemente bisher so etwas die Grundlagenarbeit sind, dienen die folgenden v.a. der Arbeit in der Organisation: systematisches Zuhören, wo die Herausforderungen für die Strategie sind, Fokussieren auf wenige, aber für die Strategie zentrale Themen, Etablieren von Verhaltensveränderungen in der Organisation u.v.m. Das alles geschieht im Kontext des strategischen Kerns, mithilfe der Bewegung und entlang des Narrativs, das wir bis hierher entwickelt haben.

Abbildung 26: Illustration des Strategy Activation Canvas. Playbook Strategie-Aktivierung 2022

	Strategie als Kampagne ("Vorschreiben")	Strategie als Aktivierung („Wertschätzen")
Adressatenkreis	**Ausgewählte Gruppen:** z.B. Geschäftsleitung, ausgewählte Führungskräfte	**Alle:** ausnahmslos
Mitarbeitende	**Konsumenten** mit der Vermutung, sie richten ihre tägliche Arbeit an der Strategie aus	**Aktive Promotoren:** mit der Sicherheit, sie richten ihre tägliche Arbeit an der Strategie aus
Skalierungsansatz	**Top-down-Präsentation:** via bestehende Hierarchien	**Co-Creation der Inhalte:** über die Grenzen von Funktionen, Regionen und sogar Hierarchiestufen hinweg
Vorgehen	**Kaskadieren:** vom Management zu den niederen Hierarchiestufen	**Einladen:** in Arbeitsgruppen, die für bestimmte Aktivierungen wichtig sind – immer mit dem Ziel, alle zu erreichen
Dialogverständnis	**Dialog als Event:** durch Dialog-Workshops, deren Dokumentation und abschliessend Rapport an den Vorstand/das Management Team	**Dialog als Quelle:** d.h. konsequentes Aufbauen auf den Ergebnissen von Dialogen und ständiger Weiterentwicklung von Inhalten
Kommunikation	**Verschlagwortung:** typischerweise Einwegkommunikation, die (Kern-) Botschaften verankern möchte	**Kontextualisierung:** Aufzeigen von Zusammenhängen mit Spielraum für eigene Interpretation
Formate (Auswahl)	**Kampagne:** z.B. Townhalls, Newsletter, E-Mails, Führungskräfte Blogs/Vlogs	**Dialog:** z.B. Dialog-Sessions, Challenges, Micro Experiments, Blended Learning, Working-Out-Loud
Einbinden bestehender Initiativen	**Alignieren:** mit viel Raum für Interpretation	**Einbetten:** mit klarem Bezug zur Strategie
Persönlicher Beitrag	Wird dem Mitarbeitenden **weitestgehend sich selbst überlassen** (typischerweise durch das mittlere Management entwickelt und vorgegeben)	Wird klar und **unmissverständlich hergestellt** durch die Mitarbeitenden und Teams eigenständig entwickelt
Bedeutungsebene	**Worte:** Versammeln hinter Konsensbegriffen (Digitalisierung, Kundenorientierung, Innovation...), die „abgeknickt" werden	**Bedeutung:** Deutliches Erkennen, was man selbst konkret erreichen kann und wie man sich selbst in die Strategie aktiv einbringt
Ziel-Fokus	**Change:** Fokus auf vermeintlichen Schwächen und Unzulänglichkeiten, die uns davon abhalten, Ziele zu erreichen	**Ergebnisse:** Fokus auf Erfahrungen, Stärken und Kompetenzen der Mitarbeitenden, die helfen, Ziele zu erreichen
Handlungsbasis	**Ansagen:** Vorgegebene oder zumindest vorgedachte Handlungsanweisungen	**Leitplanken:** Geben den Rahmen in dem Verhalten und Aktion selbst entwickelt und durchdacht wird

Doch was genau ist denn dann eigentlich Aktivierung? Der entscheidende – aber nicht der einzige – Unterschied zwischen Change-, Kultur- oder Transformationsinitiativen, wie die meisten sie kennen, zu einer Aktivierung ist das vollständige Einbeziehen der Mitarbeitenden. Dem zugrunde liegt ein Abwenden von einem Verständnis der Mitarbeitenden als Konsumenten hin zu aktiven Promotoren einer Strategie. Promotoren, die das Narrativ einer Veränderung letztlich selbst schreiben (und nicht nur die Kommunikationsabteilung). Promotoren, die die notwendigen Fähigkeiten und Erfahrungen an sich selbst weiterentwickeln (und nicht nur die HR-Abteilung).

Promotoren, die den Fokus setzen, was wichtig ist (und nicht nur die Führungskräfte). Usf. Doch es gibt noch mehr Unterschiede zwischen Strategie als Kampagne und Strategie als Aktivierung – zwei Sichtweisen, die sich nicht gegenseitig ausschliessen, sondern vielmehr sinnvoll ergänzen:

Dieses Kapitel widmet sich ausgewählten Tools und Mechanismen der Aktivierung. Dabei treffen wir bewusst eine Auswahl (am Ende ist gar nicht so entscheidend, welche Werkzeuge man für die Aktivierung wählt – wir haben erlebt, dass die besten Ideen ohnehin vor allem aus den Teams selbst kommen). Die Zusammenstellung ist hier daher eher als ein Angebot eines Baukastens, gedacht für Führungskräfte, Strategen und Organisationsentwickler, die eine Aktivierung anstossen. Wir konzentrieren uns gleichsam auf die Tools, die vielfach erprobt, ganz klar zu Resultaten führen und pragmatisch in der Anwendung sind.Die Zusammenstellung folgt einer logischen Reihenfolge: Erst muss ich zuhören, dann einen Fokus setzen, bevor ich experimentieren kann, und was gut funktioniert, dauerhaft am Laufen lassen und messen. Diese Reihenfolge soll nicht determinierend sein – im Gegenteil: Je nachdem, wo sich eine Aktivierung befindet, lassen sich Mechanismen auswählen und miteinander kombinieren.

Abbildung 27: Die 5 Mechanismen der Strategie-Aktivierung, Playbook Strategie-Aktivierung 2022

Zuhören

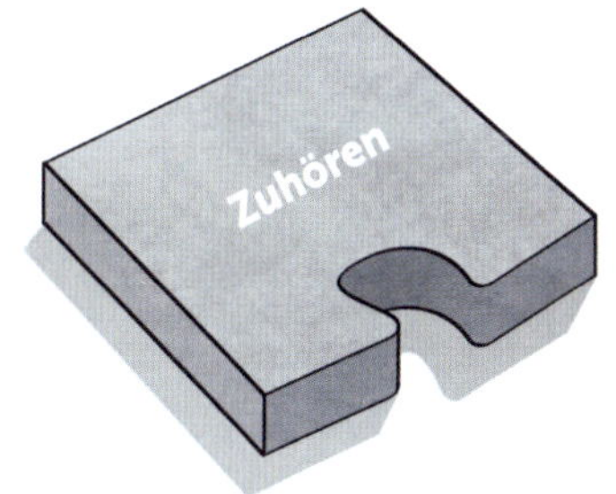

Erfolgreiche Strategie-Aktivierungen beginnen mit einem ehrlichen Zuhören: Was genau wird eigentlich von unserer Strategie verstanden? Wo sehen unsere Mitarbeitenden die grössten Stärken unserer Produkte oder unserer Kultur? Woran scheitert es denn andauernd, dass wir bisher mit unserer Strategie nur schleppend vorankommen? Wie eingangs beschrieben (siehe Kapitel ➔ Den Kern verstehen: Der Blick hinter das Strategiepapier in diesem Playbook) sind ebendiese Fragen eine gute Quelle, um genau die Themen und Momente zu identifizieren, die entweder im Wege stehen oder Strategien um ein Vielfaches beschleunigen würden.

Doch das Zuhören erfordert eine brutal ehrliche Reflexion – die Führungskräfte nicht immer haben oder haben wollen. Wir haben immer wieder erlebt, dass z.B. Umfragen bis zur Unkenntlichkeit interpretiert wurden – eben weil das Ergebnis ein schlechtes Licht auf Abteilungsleiter, Bereichsvorstände usf. geworfen hat. Und genau aus diesem Grund widmen wir das erste Kapitel in der Strategie-Aktivierung dem präzisen Zuhören dessen, was in der Breite der Organisation genau passiert. Wir haben erlebt, dass Unternehmenskulturen oftmals „kritikgetrieben" sind. Mitarbeitende artikulieren gerne, warum etwas nicht funktionieren kann, anstatt wie es funktionieren könnte. Eine Möglichkeit ist es, sich diese Tatsache zunutze zu machen, um Veränderung zu aktivieren. Denn sind wir ehrlich: Wenn mir jemand seine Bedenken mitteilt, dann ist dieses Bedenken so etwas wie ein Goldbarren an Erfahrung.

Was wir damit meinen, ist: Bedenken, zentral gesammelt und ausgewertet, können für die Architektur von Aktivierungsmechanismen hilfreich sein. Entweder weil die Bedenken auf tatsächliche Herausforderungen hinweisen. Oder weil man erkennt, dass ein Teil der Belegschaft mental noch nicht hinter dem neuen Zielbild steht. Beides hilft, eine Transformation letztlich erfolgreicher zu machen. Denn das menschliche

Hirn ist grundsätzlich zunächst einmal eine Abwehr-Maschine. Neues wird evolutionär bedingt als riskant hinterfragt. Oder positiv gedeutet. Es ist frag-würdig. Immer wenn du etwas Neues liest oder hörst, gleicht dein Gehirn dies automatisch mit bereits Erlebten, Gelesenen, Gelernten ab. Und an den Stellen wo das Neue dem bereits Erfahrenen widerspricht, erzeugt das einen im Wortsinn Widerspruch: Ja, aber...

Bei den Mechanismen des Zuhörens sollte es also darum gehen, Wege zu etablieren, die sich diese scheinbare Negativität zunutze machen. Im Grunde baut man ein Wechselspiel des Organisationsdialogs auf:

Abbildung 28: Das menschliche Gehirn als Themenabwehrmaschine, TATIN Institute 2022

1. Ich gebe dir eine neue Strategie
2. Du gibst mir deine Erfahrung („Ja, aber…“)
3. Diese „Ja, aber…“ Kommentare werden systematisiert…
4. … sowie ein „Ohr“ in der Organisation etabliert (Koalition für Ergebnisse)
5. Über digitale Mittel lässt sich dieses Wechselspiel aus Zuhören und Aktivieren dann verstetigen als fortlaufender Prozess in der gesamten Organisation (z.B. indem man Personas einführt, die verschiedene Perspektiven einnehmen auf eine Strategie – siehe hierzu ➔ das Beispiel von Gaby Go (offen für Neues), Will Wait (skeptisch gegenüber dem Neuen) und Dr. No (möchte alles Neue verhindern) weiter unten in diesem Kapitel)

Kurzum: Skepsis, Neinsagen, Kritik usf. sind nicht immer nur negativ zu sehen, sondern können durchaus – systematisiert und in die Aktivierung eingebettet – Goldnuggets und damit gute Quellen sein, die auf genau die Aspekte hinweisen, die für eine erfolgreiche Strategie-Aktivierung entscheidend sind. Schauen wir uns einmal an, welche Mechanismen es beim Zuhören geben kann.

Negativität nutzen

Dieser Mechanismus ist sicher einer der spannendsten – und er erfordert durchaus ein wenig Mut: Das bewusste und explizite Erfragen von Hürden und Stolpersteinen einer Strategie. Um dies an einem Beispiel zu verdeutlichen, haben wir bei einer Grossveranstaltung den CEO eine neue Wachstumsstrategie präsentieren lassen: Er erzählt eine mitreissende Geschichte, unterstützt durch starke Argumente und plausible Zahlen, Daten und Fakten. Am Ende der Präsentation hat wohl jeder im Raum erwartet, Fragen stellen zu dürfen, und man geht anschliessend zurück an seinen Schreibtisch.

Das bewusste und explizite Erfragen von Hürden und Stolpersteinen einer Strategie, ist eine Quelle für Aktivierungs-Mechanismen.

Wir haben noch in der gleichen Veranstaltung jedoch den Spiess umgedreht und den CEO fragen lassen: „Warum glaubt ihr, dass diese Strategie nicht funktionieren wird?" Mit dieser einfachen Frage haben wir – im Raum in kleinen Gruppen an Arbeitstischen – systematisch die Schwächen der Strategie erfasst. Ohne wochenlang Berater zu beschäftigen, denn die Expertise lag bei genau denjenigen, die tagein, tagaus mit den Produkten und Dienstleistungen beschäftigt sind. Nach der Beantwortung der Frage haben wir die Gruppen noch weiter arbeiten lassen zu der Frage: „Was sind eure Ideen, diese Hürden, die ihr gerade erfasst habt, binnen drei Wochen aus dem Weg zu räumen?".

Und wieder haben wir das vorhandene Wissen gebündelt zu wertvollem Inhalt – denn die Auswertung beider Fragen war reichhaltig, um anschliessend genau die Punkte mit Projektteams zu bearbeiten, die einer erfolgreichen Strategieumsetzung im Weg lagen. Präziser und vor allem schneller hätten wir wohl kaum derartige Hinweise aus der Unternehmung erhalten.

Auch die Nudge-Theorie hält ähnliche Beispiele bereit, wo in Meetings, bei denen es um die Lösung eines Problems geht, genau das Gegenteil gemacht, nämlich das Problem extremer formuliert, wird. Unter dem als „Flip-Flop" bekannten Mechanismus wird, bei der Frage z.B., wie der Kundenservice verbessert werden kann, ein Meeting zunächst damit begonnen, Ideen zu sammeln, wie man binnen kürzester Zeit ganz sicher den Grossteil seiner Kunden verliert. Das Spannende: Die Ergebnisse zur Lösungsfindung (Verbesserung des Kundenservice) werden nach dieser einfachen Übung deutlich besser (vgl. Eppler & Kernbach: 2018).

Ein weiterer Mechanismus zur erfolgreichen Aktivierung von Strategien bezeichnen wir als das Nutzen von Negativität: „Er zielt auf etwas ab, das jeder von uns kennt: Die «Ja, aber...»- Reaktion. Wird die neue Produktkampagne funktionieren? «Ja, aber...» sollen wir als Versicherung das Risiko tragen? «Ja, aber...» glaubst du an das, was der CEO da gerade vorgestellt hat? «Ja, aber...» nicht nur kennen wir diese Reaktion allzu gut – sie ist auch tief verwurzelt in unserer ureigenen Art und Weise, wie wir als Menschen funktionieren.

Das menschliche Gehirn ist darauf trainiert, neuen Informationen mit Skepsis und Vorsicht zu begegnen. Der Grund dafür geht auf prähistorische Zeiten zurück, als es noch ums nackte Überleben ging. Jede neue Information, jede neue Situation könnte tödlich enden. Und diese ganz natürliche Reaktion treibt unser Unterbewusstsein bis heute. Das ist auch völlig verständlich, denn jede Strategie, Neuausrichtung oder Reorganisation hat vielleicht handfeste Konsequenzen für meinen eigenen Arbeitsplatz. Also begegne ich ihr lieber zunächst kritisch und mit etwas Abstand – eben «ja, aber...».

Negativität als Quelle für strategische Stolpersteine[5]

«Negativität nutzen» bezieht sich nicht auf eine Taktik, «Ja, aber...» zu verhindern, sondern setzt bei jedem Einzelnen an, dieses «Ja, aber...» als etwas Positives zu begreifen: Nämlich als «Gold-Nuggets» in jedem Prozess einer Strategie-Aktivierung. Jedes ausgesprochene «Ja, aber...» gibt ein unmittelbares Feedback, das die gesammelte Arbeitserfahrung der Person, die es äußert, komprimiert vermittelt. Also eine Beschreibung dessen, was – aus Erfahrungen und Wissen – tatsächlich zu einer Umsetzungshürde der neuen Strategie werden könnte. Das Entscheidende: Um die «Ja, aber...» effektiv in die Strategieumsetzungsarbeit einzubinden, müssen sie systematisch erhoben werden. Die Systematik bezieht sich zum einen auf die Auswahl der Personen, die befragt werden. Sie sollten die gesamte Wirkungskette der neuen Strategie repräsentieren. Zum anderen sollte auch die vergleichende Auswertung der geäußerten «Ja, aber...» strukturiert erfolgen. Denn Bedenken Einzelner sind interessant, können richtig sein, müssen es aber nicht.

Wenn die Analyse der gesammelten «Ja, aber...» zeigt, dass z.B. 80 % auf immer wieder genannte Probleme verweisen, dann wäre es im Sinne der Strategieumsetzung leichtsinnig, sie zu ignorieren. Im Gegenteil: Gerade bei den in einer Organisation kollektiv empfundenen Defiziten setzt erfolgreiche Strategie-Aktivierung an. Ganz im Sinne von: Wie können wir die in diesen Momenten genannten Situationen (z. B. «wir sind unabgestimmt in unserem Budget-Prozess, weil wir völlig in Silos arbeiten») so organisieren, dass wir bereits jetzt gemeinsam den Grundstein für die erfolgreiche Zielerreichung setzen und Insellösungen und Change-Requests vermeiden?

Ist dies aufwendig? Nicht unbedingt: Nehmen wir das Beispiel eines CEO, der seine neue Unternehmensstrategie in einem großen Townhall-Meeting der gesamten versammelten Mannschaft präsentiert. Rund eine halbe Stunde spricht er leidenschaftlich darüber, was in den nächsten Jahren die Märkte bewegen und welche Rolle die Unternehmung darin spielen wird. Wir alle hätten erwartet, dass am Schluss seines Plädoyers ein «Ich lade euch ein, dabei zu sein» oder ein «Bei Fragen lassen wir Ihnen eine PDF der PowerPoint per Mail zukommen» kommt. Doch weit gefehlt: Er stellt die einfache Frage in den Raum «Und jetzt sagt mir, warum die Strategie nicht funktionieren wird». Daraufhin werden alle Manager in 5er-Gruppen aufgeteilt und im ersten Schritt in Einzel-Reflexion gebeten, die drei wichtigsten Gründe für ein Scheitern zu benennen. Diese werden dann pro Team präsentiert und gewichtet. Dann erfolgt der gleiche Prozess zwischen zwei Teams etc. Anderthalb Stunden genügen, um starken Inhalt zu den Stolperstellen der Strategie zu sammeln. Etwas, das ansonsten binnen Monaten über mühsame Interviews hätte herausgefunden werden müssen, oder sogar etwas, das erst dann ans Tageslicht gekommen wäre, wenn man merkt, es funktioniert wirklich nicht. Am Ende gibt es eine Priorisierung der wichtigsten Aktivierungshürden.

Und jetzt sagt mir, warum die Strategie nicht funktionieren wird.

Und es gibt einen psychologischen Effekt, der wieder die Grundmechanik nutzt, wie unser Gehirn funktioniert: Als die Sprecher der Teams ihre Ergebnisse vorstellen, kann in den Wortmeldungen ein «Ja, und...» Effekt beobachtet werden. Statt: «Ich finde die Strategie beeindruckend, aber...» wurden jetzt Sätze formuliert nach dem Motto: «Wir sehen die drei größten Hürden hier, denken aber, dass wir das in den Griff bekommen können durch...» Und jetzt hat der CEO sein Managementteam genau da, wo er es haben will: in einer lebhaften Debatte darüber, wie die neue Strategie tatsächlich funktionieren könnte.

Ein anderes Beispiel, «Ja, aber...» für die Strategie-Aktivierung zu nutzen, ist die Koalition für Ergebnisse. In der Koalition werden entlang der gesamten Wertschöpfungskette einer neuen Strategie Kollegen aus allen Bereichen und verschiedensten Hierarchiestufen zusammengebracht. Ziel ist es, mögliche Umsetzungshürden für eine Strategie bereits vor ihrem Rollout zu erkennen. Bei der Einführung einer neuen Vertriebsstrategie im Enterprise-Bereich eines führenden Mobilfunkanbieters zum Beispiel wurden so durch Storytelling-Methoden in einer Gruppe aus Vertriebsmitarbeitenden, Produktentwicklern, Call-Center-Mitarbeitenden, Kollegen aus der Produktentwicklung und Marktforschung sowie Kunden verschiedene Szenarien mit Blick auf die neue Strategie durchgespielt.

Unter anderem wurde die Frage gestellt: «Stellen Sie sich vor, Sie sitzen mit Kollegen in drei Jahren zusammen. Die Stimmung ist genauso schlecht wie die Zahlen, die neue Strategie hat nicht funktioniert. Woran ist sie gescheitert?» Entscheidend bei diesem Vorgehen ist nun, dass die Einzelmeinung zur Negativität zuerst getrennt erhoben und dann gemeinsam wieder zusammengeführt und gruppiert wird. So stellt man sicher, dass wirklich alle Perspektiven der diversen Teams aufgenommen und verstanden sind. Natürlich gilt es auch hier, nach Relevanz und Häufigkeit der Nennung der Fallstricke in der Umsetzung anschließend Ideen für die Aktivierung zu designen (vgl. hierzu auch Fischer & Wetzel 2015).

Diese Beispiele zeigen, wie wichtig es ist, negative Kommentare und Hinweise nicht sofort als Meinung der Nörgler und Ewig-Gestrigen abzustempeln. Sondern sie als Hinweise darauf zu verstehen, wo Stolpersteine in der geplanten Strategie liegen können – um diese dann ganz gezielt zu eliminieren. Die Geschwindigkeit in der Umsetzung ist dadurch um ein Vielfaches höher, als wenn man dies erst mühsam hätte unterwegs erfahren müssen.

klein

Persönliche Vorbehalte

groß

40% Marc Momentmal

aufgrund persönlicher Vorbehalte

5% Jana Jetzt

ist offen für das Neue und bereit direkt loszulegen

15% Dr. Nö

gibt dem Ganzen keine Chance

40% Marc Momentmal

aufgrund sachlicher Vorbehalte

groß

Faktische Vorbehalte

klein

Abbildung 29: Wiederstände und unterschiedliche Perspektiven als Beschleuniger der Strategie-Aktivierung nutzen, nach Theory of Constraints (TOC)" Dr. Eliya Goldratt, TATIN Institute 2022

Nicht nur die Promotoren, sondern auch die Bremser (sachliche Vorbehalte) und Skeptiker (persönliche Vorbehalte) sind gemeinsam die Gruppe von Kolleginnen und Kollegen, die dir helfen werden, deine Strategie in die Tat umzusetzen.

Widerstände zu Beschleunigern machen

77 % der Arbeitnehmer geben an, dass es keinen offenen Umgang mit kritischen Themen im Unternehmen gibt. (vgl. HR-Report 2015/2016 Schwerpunkt Unternehmenskultur", Hays 2016, S. 14). Wenn es darum geht, neue Strategien, Konzepte und Ziele voranzubringen, haben wahrscheinlich jeder schon einmal die schmerzhafte Erfahrung gemacht, wie es sich anfühlt, wenn man Wochen und Monate an der Strategie gefeilt hat und für das Ergebnis nur Bedenken und die oben beschriebenen „Ja aber..." erntet. Aber nicht nur die 77 % der Arbeitnehmer die schlechte Erfahrungen im Umgang mit kritischen Themen gesammelt haben, sondern auch die Studie „Theory of Constraints (TOC)" von Dr. Eliya Goldratt (vgl. Techt 2010) zeigt, dass du mit dieser Erfahrung nicht allein bist. Entlang der Achse sachliche Vorbehalte und persönliche Vorbehalte im unternehmerischen Kontext kann man nur auf 5 % Promotoren hoffen. Aber mit 40 % Skeptikern, 40 % Bremsern und 15 % aktiven Widerständer rechnen. Und da hat man mit der Strategie noch nicht einmal losgelegt.

Glaubt man der Hirnforschung, so scheint es evolutionär verankert zu sein: Vorsichtig sein, nicht jedem Neuen sofort vertrauen, auf seine persönliche Erfahrung hören. Und entsprechend ist diese in der Umgangssprache „gesunde Skepsis" – da im menschlichen Gehirn verankert – ein globalkulturelles Phänomen, das dir in den Kulturen europäischer, genauso wie asiatischer, nord- oder südamerikanischer Unternehmen begegnet. Was sich kulturell bedingt deutlich unterscheidet, ist die Offenheit diese Kritik und Skepsis auch zu zeigen und auszusprechen.

Aus Sicht der Strategie-Aktivierung liegt in diesem evolutionären Geheimnis ein „Goldnugget der Aktivierung" und der Beschleunigung von Strategie- und Transformationsprozessen versteckt. Die Theory of Constraints lässt sich in das Storytelling

Will Wait oder Marc Momentmal
Er sieht das Glas halb leer und ist dem Neuen gegenüber skeptisch, entweder aus persönlichen oder sachlichen Gründen.

Gaby Go oder Jana Jetzt
Sie sieht das Glas halb voll und ist offen für das Neue.

Dr. No oder Dr. Nö
Er sieht das Glas weder halb leer oder halb voll. Er möchte gar kein Wasser und ist grundsätzlich dagegen.

06 // Bankgespräch

// 07

Sag niemals nö!

Die Initiative #zukunftschaffen will die Kultur unserer Bank verändern: Agiler und mutiger sollen wir werden. Das klingt toll, aber natürlich ist jede Transformation ein zäher Prozess, bei dem altes und neues Denken aufeinanderprallen. Um frischen Schwung in die Debatte zu bringen, haben sich die Macher von #zukunftschaffen drei Charaktere überlegt: Jana Will, Marc Momentmal und Dr. Nö. Jeder repräsentiert eine typische Haltung bei der NORD/LB - finden Sie sich wieder?

Jana Will …

Marc Momentmal …

Dr. Nö …

Yes!

Mehr zu Jana, Marc und Dr. Nö gibt es in der #zukunftschaffen-Cloud unter https://zukunftschaffen.nordlb.de

// Reinschauen, Quiz lösen und Zukunftspunkte sammeln! //

Abbildung 30:
Beispiel für Interviews mit den Personas
der Aktivierung in einem Mitarbeitermagazin, NORD/LB 2022

des Big Picture einführen – wir zeigen dies am Beispiel von drei Personas, die jeweils für die Widerständler, Promotoren oder Skeptiker/Bremser stehen.
Durch die Brille der Strategie-Aktivierung betrachten wir Vorbehalte und die daraus entstehenden „Ja, aber…"-Einwände und -Bedenken als extrem komprimierte und völlig kostenfreie und auf den Punkt gebrachte Arbeits- und Lebenserfahrung. Wie das funktioniert, erlebst du gerade in diesem Moment, beim Lesen dieses Buches oder später beim Reden darüber. Immer wenn wir mit einem neuen Gedanken konfrontiert werden, arbeitet unser Gehirn im Hintergrund, ohne dass uns das bewusst sein muss, und gleicht diesen neuen Gedanken mit bereits Erlebten ab. Und immer da, wo Neues auf Erlebtes stößt und nicht funktioniert, äußert sich das in einem Bedenken, einem Einwand, einem Vorbehalt. Etwas widerspricht der persönlichen oder sachlichen Erfahrung und deshalb widerspreche ich.

Und in diesem Moment werden aus Skeptikern und Promotoren Beschleuniger meiner Strategieumsetzung, denn sie liefern schon beim ersten Zuhören sachdienliche Hinweise auf Aktivierungsbarrieren, also mögliche Sollbruchstellen meiner strategischen Überlegungen. Muss das bedeuten, dass die Strategie schlecht ist? Muss die Strategie deshalb neu geschrieben werden? Wir denken nicht. Aber bei der Aktivierung der Strategie ist es extrem hilfreich, die möglichen Barrieren direkt mitzudenken.

> Das Wichtigste bei der Nutzung von Bedenken und Vorbehalten bei der Strategie-Aktivierung ist die Systematik.

Das Wichtigste bei der Nutzung von Bedenken und Vorbehalten bei der Strategie-Aktivierung ist die Systematik. Die Bedenken von einem Kollegen zu kennen ist interessant. Aber systematisch die Bedenken z.B. von den 30 wichtigsten Kolleginnen und Kollegen zu erheben, die aus deiner Sicht essenziell für den Erfolg der Strategie sind, ist zielführend. Nicht jede sachliche oder persönliche Erfahrung ist entscheidend. Wenn aber 24 von 30 auf bestimmte Barrieren hinweisen, dann wäre es sträflich, diese nicht von Beginn an in die Kalkulation einzubeziehen. So kann das Schritt für Schritt gelingen:

1. Im ersten Schritt hilft es, die geballte Erfahrung und damit die Vorbehalte und Einwände der Organisation zu erheben. Das kann z.B. in Tiefeninterviews (siehe ausführlich im Kapitel ➔ Den Fokus setzen: Der strategische Kern) mit den wichtigsten Stakeholdern für die Strategieumsetzung erfolgen oder auch in Live-Interventionen mit ausgewählten Führungskräften. Eine Möglichkeit ist, die Geschäftsleitung die neue Strategie präsentieren zu lassen und dann in Teams von 5 bis 8 herauszuarbeiten, warum die Strategie so auf keinen Fall funktionieren kann. Durch die Aufgabenstellung, aber auch die Arbeit im Team, stellst du sicher, dass jede(r) die Gelegenheit bekommt, Bedenken und Vorbehalte zu äußern. Überraschenderweise werdet ihr bei der Bedenkenpräsentation feststellen, dass einige Teams aus Bedenkenträgern gleich Lösungsvorschläge, wie man mit den Hürden umgehen kann, unaufgefordert präsentieren werden. Denn auch da kommt unser Gehirn nicht aus seiner Rolle: Hören wir ein Problem, springt bei vielen die Lösungsmaschine an.

2. Der zweite Schritt ist, aus den Reihen der Strategie-Aktivierer, die sich jetzt gerne aus Promotoren, Skeptikern und Bremsern zusammensetzen können, eine Koalition zu formen (siehe ausführlich im Kapitel ➔ Eine Koalition für Resultate bilden: Die Bewegung).

3. Im dritten Schritt gilt es dann, auch die Widerständler in den Prozess der Aktivierung miteinzubinden. Widerständler sind im Gegensatz zu Skeptikern und Bremsern nicht mehr an einer Lösung interessiert. Sie sind dagegen. Aus Prinzip und ohne die Notwendigkeit zu sehen, dies zu begründen. Und auch wenn sie mit 15 % nur eine Minderheit im Unternehmen darstellen, so können sie negativ auf die Gesamtstimmung wirken und das kann auf eigentlich grundsätzlich positiv gestimmte Personen ausstrahlen und so den gesamten Prozess gefährden. Wie also mit den Widerständlern umgehen? Wir haben gute Erfahrungen damit gemacht, dass das so am besten funktioniert: nämlich indem man ihnen eine Stimme gibt.

Vom Townhall zur 2 Weeks Challenge

Die meisten Townhalls, die wir in Unternehmen erlebt haben, laufen nach einem sehr ähnlichen Grundmuster ab: CEO und CFO präsentieren zentrale Elemente der laufenden Strategie, sowie deren zugrundeliegenden Kennzahlen. Je nach Schwerpunktthema präsentieren weitere Führungskräfte einen aktuellen Status und ggf. noch nächste Schritte. Q&A werden oft mithilfe von Online-Tools ermittelt und nicht beantwortete Fragen im Intranet im Nachgang beantwortet. Zurück zum Schreibtisch.

An dieser Form der Kommunikation ist per se nichts falsch – vor allem, wenn es sich um richtungsweisende Veranstaltungen handelt. Zeigen sie doch in komprimierter Form relevantes Wissen einer breiten Zuhörerschaft auf. Und dennoch muss man sich bewusst sein, was diese Art der Townhalls letztlich ist: eine Präsentation, ein Zuhören, mit kaum Resonanz wie stark das Präsentierte letztlich verankert bleibt.

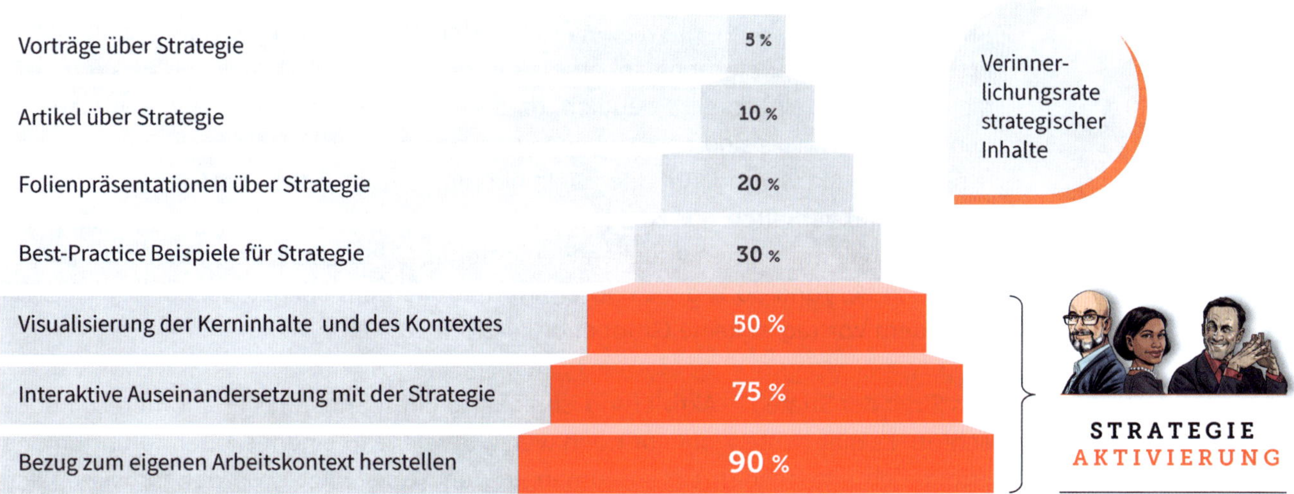

Abbildung 31: Wiederbehaltsrate von strategischen Inhalten entlang von Trägermedien als Aktivierungspyramide dargestellt, TATIN Institute 2022

Schauen wir uns dies einmal aus der Perspektive der Wissenschaft an. Die sogenannte Aktivierungspyramide zeigt, wie viel Prozent der Inhalte je nach Vermittlungsmethode in den Köpfen der Zielgruppe ankommt. Ordnen wir Townhalls, wie wir sie kennen, in diese Pyramide ein, so wird deutlich, dass sie im passiven Teil der Pyramide zu finden sind. Townhalls sind damit üblicherweise Formate der Strategiekommunikation – nicht der -Aktivierung. Auf den Punkt gebracht: Inhalte des Vortrages einer Strategie (Lecture) verhaften nur zu 5 % bei ihren Zuhörern. Selbst PowerPoint-Präsentationen mit einprägsamen visuellen Elementen und Praxisbeispielen kommen immer nur noch bei rund 30 % der Zuhörer an. Und auch die obligatorische Q&A-Session nach dem Vortrag ist keine Gruppendiskussion!

Aus Sicht der Strategie-Aktivierung ist hier also ein spannendes Phänomen zu beobachten: Es gibt heute wohl nur noch wenig Bereiche in einem sauber geführten und erfolgreich arbeitenden Unternehmen, in dem, überspitzt gesprochen, wissentlich die meiste Zeit (und das meiste Geld) in Prozesse investiert wird, die nachweislich am wenigsten Wirkung zeigen. Das muss nicht sein – denn Townhalls lassen sich durchaus mit weiteren Formaten beliebig kombinieren und erweitern.

Townhalls lassen sich durchaus mit weiteren Formaten beliebig kombinieren und erweitern.

Ein Beispiel aus unserer Arbeitspraxis:
Die Townhall lief super. Die Strategiepräsentation wurde mit großem Applaus bedacht. Es gab nur wenige Rückfragen. Also: Alles scheint klar. Die Stimmung am Tag und Abend großartig und selbst die Online-Umfrage des Tages zeigt: 8 von 10 würden die Veranstaltung weiterempfehlen. Und dennoch: Die Quittung folgte 3 Monate später in der jährlichen Engagement-Befragung: 85 % „vermissen eine Strategie". Und das Ergebnis galt für Mitarbeitende ebenso wie Führungskräfte...

Sind Townhalls damit eine teure und dumme Idee? Um die Frage zu beantworten, sollten wir uns noch mal vergegenwärtigen, was eigentlich mit einer Großveranstaltung zur Strategie-Aktivierung erreicht werden soll. Es gibt vier Hauptgründe, ein Treffen physisch oder virtuell mit einer Vielzahl an Mitarbeitenden abzuhalten:

1. um andere zu beeinflussen/überzeugen,
2. um Entscheidungen zu treffen,
3. um Probleme gemeinsam zu lösen oder
4. um Beziehungen zu stärken.

All diese Ziele sind aktive Prozesse – jedoch sind Townhalls, wie in der Lernpyramide gezeigt, genau nicht im aktiven Bereich zu finden. Die zentrale Frage lautet also nicht: Wie bekommen wir den strategischen Inhalt kommuniziert? Sondern: Wie stellen wir sicher, dass bis zu 90 % der strategischen Inhalte so in der Zielgruppe verankert sind, dass sie zu einem aktiven, zielgerichteten und nachhaltigen Handeln führen? Und damit wird deutlich: Großveranstaltungen können mehr als nur Inhalte präsentieren: Sie sind Momente des Zuhörens und des Mitmachens.

Townhalls als „Pit-Stop"

Ein Beispiel dafür war die Arbeit mit rund 200 Führungskräften eines fast 3000 Mitarbeitenden starken Unternehmens, die für die Darstellung ihrer Strategie das Format des „Big Picture" gewählt haben (siehe hierzu ➔ Komplexität in den Kontext setzen: Das Narrativ und das Gesamtbild in diesem Playbook). Wir haben für die Fertigstellung des Bildes bestimmte Bereiche bewusst freigelassen. Konkret die, die beschreiben, wie Kunden, Mitarbeitende, und andere wichtige Stakeholder den Erfolg einer Strategie erleben würden. Genau diese Inhalte haben wir durch die Führungskräfte digital erarbeiten lassen – schliesslich sind sie es, die am besten eine solche Perspektive aufgrund ihrer jahrelangen Erfahrung einnehmen können. Und wieder konnten wir die Inhalte 1:1 nutzen, um einerseits das Big Picture fertigzustellen und andererseits vor allem den Fokus zu ermitteln, worauf es für eine erfolgreiche Strategieumsetzung am ehesten ankommt.

Townhalls als Interaktion

Ein weiteres Beispiel, wieder aus einem Townhall, ist die Arbeit mit digitalen Tools (wie z.B. Pigeonhole) – die eine direkte Interaktion ermöglichen (bis hin zum Steuern des Verlaufs einer Grossveranstaltung). Denn nicht selten werden in Townhalls allenfalls Fragen gestellt, bei denen sich Einzelpersonen melden (der Schnellere ist der Geschwindere). Oder digital unterstützt (z.B. www.slido.com), was noch ein gewisses Ranking ermöglicht. Doch digitale Tools können weitaus mehr: Gleich zu Beginn die Themen bestimmen lassen, die für die Mitarbeitenden die grösste Relevanz haben („live polls"), zwischendurch Umfragen erstellen („surveys"), Schwerpunkte herausfinden („heatmaps" oder „word clouds"), sogar Daten bereitstellen und interpretieren lassen („real-time reports"). Das Beispiel unseres Townhalls war das Einbeziehen sogenannter Word Clouds, bei denen die Teilnehmer zu einer Frage (z.B. „Was ist die stärkste Eigenschaft unser Business Unit im Moment?") ein oder zwei Begriffe abgeben können. Diese Begriffe werden dann anhand der Häufigkeit ihrer Nennung visuell aufbereitet: Mehr Nennungen lassen einen Begriff in die Mitte rücken und werden grösser dargestellt als andere Begriffe. Die Führungskräfte im Raum konnten in unserem Beispiel dann zunächst live darauf reagieren – und mit dem Ergebnis im Nachgang weiterarbeiten.

Abbildung 32: Wordcloud um Stimmungsbilder in Live-Meetings abzufragen, TATIN Institute 2022

Townhalls als Beginn einer 2-weeks-challenge

Unser letztes Beispiel ist, die Townhall als Kick-off für eine sogenannte „2-weeks-challenge" zu nutzen. Eine solche Challenge lässt eine ganze Organisation direkt im Anschluss an die Veranstaltung an einer ganz konkreten Aufgabenstellung zwei Wochen lang arbeiten. Dies kann ein Lösen von Problemstellungen sein, das Rationalisieren präsentierter Inhalte, ggf. sogar vor einer Grossveranstaltung das Erarbeiten von Inhalten. Aus dem Kaizen oder Lean Six Sigma kennen wir ähnliche Formate, bei denen mit allen erforderlichen Experten Lösungen gefunden werden – die 2-Weeks-Challenge erweitert den Zeitraum und bezieht sich konkret auf Inhalte aus einer Grossveranstaltung.

Ein Beispiel für eine solche Challenge ist das Erzählen einer strategischen Story, nachdem der CEO sie in einer Townhall erstmalig präsentiert hat. Typischerweise würde man nach der Veranstaltung sich allenfalls die präsentierten Folien herunterladen – manche arbeiten dann damit weiter, andere gehen zurück zum normalen Arbeitsalltag. In der 2-Weeks-Challenge kann man nach der Präsentation der Story alle Mitarbeitenden einladen, diese selbst 7 bis 10 Kollegen zu erzählen. Und das Erzählen von einigen Fragen begleiten lassen (z.B. „welche Stellen der Story findest du einfach zu erzählen?" oder „in welchen Bereichen der Strategie, glaubst du, sind wir heute noch nicht parat?" oder...). Die Ergebnisse aus diesen Fragen werden dann online zentral zusammengefasst – und sind wieder wertvoller Input dafür, wo die Strategie entweder weiter geschärft oder direkt andere Lösungen zum Tragen kommen können.

Der Vorteil einer solchen Challenge ist, alle einzubinden – der Effekt einer Grossveranstaltung erhält in der Organisation damit einen deutlich grösseren Resonanzboden. Darüber hinaus verpuffen präsentierte Inhalte nicht unmittelbar nach dem

Event, sondern hallen noch deutlich nach – und lösen teilweise Kettenreaktionen weiterer Veranstaltungen, Diskussionen, Lösungsfindungen etc. aus. Schliesslich lassen sich mit Challenges, ähnlich wie die Formate des Zuhörens, recht konzentriert Inhalte grossflächig erheben. Der Charakter einer „Challenge“, also Herausforderung, gibt dem ganzen noch einen spielerischen, fast kompetitiven Charakter. Am Ende der Challenge kann nicht nur jeder im Unternehmen mithilfe des Big Picture die Strategie als spannende Geschichte über die Zukunft des eigenen Unternehmens erzählen, sondern jeder versteht auch den Kontext und kann die Momente/Szenen auf dem Big Picture benennen, wo er oder sie den größten Beitrag für den künftigen Erfolg leisten kann. Die Fokussierung auf Ergebnisse und gemeinsame Ziele kann beginnen.

Was diese wenigen Beispiele zeigen sollen, ist, dass Grossveranstaltungen und Townhalls weit mehr können, als PowerPoints zu zeigen, einigen wenigen Rednern zuzuhören und meist schlecht moderierte Fragen zu beantworten. Der Wert derartiger Interventionen ist in einer Organisation teilweise begrenzt: Man hat kaum Gewissheit darüber, was verstanden wurde und was dies vor allem in der Organisation auslöst. Schlimmstenfalls geht alles wieder zurück in die bestehende Routine. Schon wenige Mechanismen können helfen, Inhalte zu generieren, einen Fokus zu setzen, den Verlauf einer Veranstaltung in Richtung Relevanz für die Teilnehmer zu lenken, u.v.m. Einzig von denjenigen, die auf der Bühne stehen (ob als Führungskraft oder als Moderator) erfordert dies ein wenig Mut, um auf ggf. Unvorhergesehenes zu reagieren.

Woran erkennst du, dass du auf der richtigen Spur bist? Zuhören

Wenn du vom Lautsprecher zum Zuhörer gekommen bist bei der Strategie-Aktivierung, dann...

- beginnst du, „Ja, aber..." und Bedenken als wertvolles Erfahrungswissen zu erkennen, das Dir hilft schneller voranzukommen, weil du es nutzt, um besser zu werden.
- hast du keine heisere Stimme mehr, weil du die gleiche PowerPoint zum gefühlt 1000. Mal präsentiert hast.
- hörst du auf einmal, wie Kollegen über die Zukunft des Unternehmens sprechen, statt zu sagen „uns fehlt die Strategie".
- berichten dir Kollegen, wie sie mit Familie und Freunden die spannende Geschichte über die Zukunft ihres Unternehmens geteilt haben.
- merkst du, dass Organisationen keiner theoretischen Change-Kurve folgen, sondern Kollegen im Kopf jeweils mal in der Vergangenheit, mal in der Gegenwart mal in der Zukunft feststecken und kannst so „aneinander vorbeireden" zu „miteinander sprechen" wandeln.
- merkst du, dass in dir auch eine Gaby Go, ein Will Wait und manchmal sogar ein Dr. No je nach Thema und Stimmung steckt.

Fokussieren

Der nächste Bereich aktivierender Mechanismen beschäftigt sich damit, nicht alles in der Organisation ändern zu müssen, um Strategien erfolgreich umzusetzen. Im Gegenteil: In der Regel helfen nur wenige ausgewählte Bereiche, Personen, Projekte oder sogar Momente, dass sich eine gewünschte Wirkung oder Veränderung einstellt. Jahreslosungen, Must-Wins, Iteration-Visions, all dies sind Mechanismen, die wir aus der klassischen Managementlehre kennen und die im Grund auf genau das Gleiche abzielen: Das Rauschen vom Signal zu trennen und, wenn möglich, ausschliesslich das nach vorne zu treiben, was sichtbar auf eine Strategie einzahlt. Wir stellen im Folgenden vier Fokussierungsmechanismen vor.

Fokus auf Zielen, nicht Change

Eine der größten Aktivierungshürden bei der Beschleunigung von Strategie- und Transformationsprozessen, geht auf eine Verwechslung von Mittel und Zweck zurück: Der Zweck einer jeden Strategie- oder Transformationsumsetzung ist, deren Ziele zu erreichen. Auf diesem Zweck sollte von Beginn dann auch der Fokus liegen. Als Mittel der Wahl wird häufig jedoch ein Change-Programm etabliert: ein Program-Management-Office orchestriert alle Massnahmen, die zur Erreichung der Transformation notwendig ist. Die Gefahr dabei: dass dieser Change zum Ziel wird und das eigentliche Erreichen der Ziele ins Hintertreffen gerät. Nicht mehr ökonomisches Wachstum wird gemessen, sondern wie viele Manager eine Schulung besucht haben, was zu welchem Zeitpunkt dem Steuerungsausschuss rapportiert wird, usf. Das Mittel überlagert damit den Zweck und führt zu Frustration, Reaktanz und Verzögerung.

Eine der größten Aktivierungshürden bei der Beschleunigung von Strategie- und Transformationsprozessen, geht auf eine Verwechslung von Mittel und Zweck zurück.

Was mit der Installation von Change-Programmen einhergeht, ist die – oft in Workshops – gestellte Frage nach der Veränderung der Mitarbeitenden und Teams: „Wie müssen Sie sich heute verändern, um künftig unsere neuen Ziele zu erreichen?" Was zwei Dinge zur Folge hat: erstens hören Menschen nicht gerne, dass sie sich verändern müssen. Und zweitens impliziert die Frage, dass alles, was man bisher geleistet hat, bzw. wie man heute ist, genügt nicht mehr. Ein Menschenbild aus einem Mangel heraus.

Doch was soll dann die Alternative sein zu Change-Programmen und der Frage nach Veränderung des Einzelnen? Wir legen ein Menschenbild aus der Fülle heraus zugrunde: „Stellen Sie sich vor, heute in 5 Jahren hat die Strategie, die Sie gerade verfolgen, 100 % Erfolg." Und jetzt die entscheidende Frage: „Sie sind verantwortlich für die Strategie, kennen den Markt wie kein anderer, haben an den besten Universitäten studiert. Wie würden Sie Ihr Wissen, Ihre Kompetenzen und Ihre Erfahrungen nutzen, um dieses Ziel so schnell wie möglich zu erreichen?

Das fühlt sich gleich ganz anders an, oder? Und genau das schlagen wir vor: den Fokus in Strategie- und Transformationsprozessen auf die Fülle des Menschen zu legen und sie einzuladen, die Veränderung mit ihrem ganzen Wissen, Fähigkeiten, Talenten usf. zu gestalten. Schauen wir uns einmal drei Typen von Mitarbeitenden an, wie dieser Ansatz bei ihnen aussieht:

Der alte Hase
Sie sind seit fast 30 Jahren in der Firma. Sie haben die ganz großen Zeiten miterlebt und mitgeprägt und sich auch in den schweren Zeiten eingebracht. Sie wissen aus jahrzehntelanger Erfahrung, was geht, aber auch, wo wir schon gescheitert sind. Wie können Sie das Wissen und die Erfahrung einbringen, damit wir dieses Ziel schneller erreichen?

Der frische Hase
Du bist gerade von der Universität gekommen. Als Trainee seit vier Wochen dabei. Du kennst unseren Markt als jemand, der sich im Geschäft für oder gegen unser Angebot entschieden hat. Worauf kommt es an? Warum hast du nicht zugegriffen? Wann würdest du es tun und was würdest du als Erstes machen, damit wir unsere Ziele schneller erreichen?

Der Experten-Hase aus dem (feindlichen) Nachbarbau
Du bist besonders tief drin beim Thema IT und kennst die Vorzüge, aber auch Grenzen unserer Infrastruktur besser als die meisten. Mit Blick auf die Strategie, was meinst du, worauf müssen wir unbedingt achten und wie würdest du mit Blick auf die größten Hürden, die uns bei der Zielerreichung im Weg stehen, vorgehen, damit wir unsere Ziele schneller erreichen?

Abbildung 33: Illustration von drei Personas mit unterschiedlichen Erfahrungshintergründen, TATIN Institute 2022

Auf einmal steht nicht mehr der Change im Vordergrund und ein sich-verändern-müssen, sondern ein sich-einbringen-dürfen und das Erreichen der gemeinsam formulierten Ziele.

Fokus auf Sprints, nicht Marathon

Wir möchten diesen Fokus mit einem Beispiel beschreiben. Der Enterprise-Bereich eines global führenden Mobilfunkunternehmens brauchte einen Mindset-Change vom quantitativen zum qualitativen Sales-Ansatz. Über Jahrzehnte war die Vertriebsmannschaft des Firmenkundenbereiches darauf getrimmt (und incentiviert), so viele Sim-Karten wie möglich an ihre Firmenkunden zu bringen. Und das hat der Verkauf über Jahre besser gemacht als viele andere im Markt. Inzwischen ist der Markt gesättigt und rein quantitatives Wachstum stößt an seine Grenzen. Die natürliche Folge: Die Zahlen stagnieren, der Ruf nach einem radikalen Umdenken wird laut: Vorwürfe machten die Runde. „Ihr könnt es nicht mehr." „Ihr ruht euch auf dem Erfolg der Vergangenheit aus." „Wir brauchen neuen Leute." „Ein Mindset-Change muss her." „Wir müssen alles radikal hinterfragen." „Das Ruder rumreißen." Usw.

All dies war (zum Glück) für den Vertrieb, der heute wieder einer der erfolgreichsten im Markt ist, nicht der Fall. Stattdessen hat man sich überlegt, wie man die Zahlen zu alter Größe führen kann: Wenn man nicht mehr Karten verkaufen kann, wie kann es gelingen, mehr Umsatz pro Karte zu generieren? Über Telefonie wird es nicht mehr gehen. Und in der Tat wurden völlig neue Produkte und Services entwickelt. Ein neuartiger qualitativer Sales-Ansatz entstand. Gleichzeitig galt im gesamten Prozess die 95 % zu 5 %-Regel:

95 %: Wie sah im alten quantitativen Sales-Ansatz der Arbeitsalltags im Vertrieb aus? Es gab viel zu viel Bürokratie. Termine wurden vereinbart. Kunden getroffen in den Terminen, die im Schnitt 40 Minuten gedauert haben, wurden Verkaufsgespräche geführt. Messen und Roadshows wurden vorbereitet und durchgeführt. Dort wurden Präsentationen gehalten, Netzwerke geknüpft und Verträge geschlossen.

5 %: Schulung auf quantitative Angebote. Austausch, Erfahrung, wie man die Sim-Karten gut an die Firma verkauft. Was funktioniert, was funktioniert nicht mehr? Wie kann es dennoch funktionieren, welche Argumente sind gerade stark?

Der Unterschied bei der Aktivierung lag nunmehr darin, dass die Kolleginnen und Kollegen aus dem Sales-Bereich mit der Frage konfrontiert waren, von den 100 % ihrer Tätigkeit nur 5 % zu verändern. Sie haben reflektiert: Was hat uns eigentlich zum besten Sales-Team im Markt gemacht? Warum haben wir trotz viel zu viel Bürokratie so hohe Umsätze erzielt? Wie ist es uns gelungen, die attraktivsten Kunden zu gewinnen? Warum haben wir ein erstklassiges Netzwerk im Markt aufgebaut? Und die Ergebnisse dieser Reflektion dann eingesetzt: Wie können wir das alles nutzen, um bei den neuen 5 % unserer Tätigkeit genauso erfolgreich zu sein. Heute verkauft der Vertrieb einen Großteil seiner Leistungen über Services – weit mehr als die 5 %, mit denen sie gestartet sind.

Was wollen wir damit zeigen: In Transformationsprozessen gewinnt man Mitarbeitende, indem man sich auf kleine Veränderungen konzentriert und sich dafür die vorhandenen Erfahrungen zunutze macht. Die Wertschätzung des Bestehenden und der Transfer auf das Neue ist zielführender, als alles in Frage zu stellen und den Eindruck zu vermitteln, Bestehendes radikal verändern zu müssen.

Fokus auf Momente, nicht Zahlen[6]

Eine weitere Möglichkeit, zu fokussieren, sind die sogenannten „Moments that Matter“ (oder „Moments of Truth“ oder „Schlüsselmomente“, wie sie auch genannt werden). Damit gemeint sind Momente bzw. Hebel im Arbeitsalltag einer Führungskraft oder eines Mitarbeitenden, die nachweislich genau die relevanten sind, um ein Zielbild erfolgreich zu erreichen (vgl. hierzu auch Heath & Heath 2017). Schauen wir uns

> In Transformationsprozessen gewinnt man Mitarbeitende, indem man sich auf kleine Veränderungen konzentriert

hierzu einmal ein Beispiel an – das auch zeigt, dass es gar nicht so einfach ist, diese Momente zu identifizieren (vgl. hierzu weitestgehend der Originaltext Thiessen & Wreschniok 2019).

„Die gute Nachricht vorneweg: Gefühlt 98 % des Arbeitsalltags werden auch nach einer Transformation tatsächlich genauso bleiben, wie er heute ist. Hierzu ein Beispiel aus der Flugindustrie: In der gerade formulierten neuen Strategie eines globalen Flugzeugherstellers wird sich der Tagesablauf, beispielsweise eines Piloten, in der erlebten Wahrnehmung sicher zu den gefühlten 98 % nicht verändern: Der Wecker klingelt um 5.30 Uhr. Kalte Dusche. Weg zum Flughafen und zur Maschine. Abstimmung mit Crew und Bodenpersonal. Check der Motoren etc. Nicht anders sieht es aus, wenn man den Tagesablauf anderer Personalgruppen beobachtet: Check-in, Backoffice und ja, auch das Management, das morgens mit einem Kaffee vor dem Rechner E-Mails sortiert und dann den täglichen Meeting-Marathon beginnt. Und doch sind es die wenigen Momente, z. B. wenn der Pilot aufs WC geht, wo er sein bisheriges Handeln anpassen muss, um totale Sicherheit für den Flug sicherzustellen (vgl. Thiessen & Wreschniok 2019).

Moments that Matter postulieren genau nicht die Notwendigkeit eines fundamentalen Change-Programmes, das Wandel vorgaukelt, wo gar keiner ist, sondern die Fokussierung der sehr knappen Ressource „Aufmerksamkeit“ auf die wenigen Momente, die mit Blick auf die neue Strategie bereits heute einen signifikanten Mehrwert in der täglichen Arbeit bringen: Durch welches Verhalten können wir in welchem Moment ganz konkret auch in der neuen Discount-Linie maximale Sicherheit vermitteln? Wie finden wir in der etablierten Gesellschaft neue Wege, effektiver zusammenzuarbeiten? In welchen Momenten machen neue agile Methoden im Management Sinn und wo sind sie kontraproduktiv? Wann gilt das «Entweder- oder»- Dogma und wann sollte ein «Sowohl- als auch»-Mindset leitend für die Entscheidungsfindung sein?

Der Moment that Matter-Ansatz richtet also den Blick nicht nach innen, sondern nach vorn. Er fragt nicht, wie wir uns verändern müssen, sondern welche Momente im Alltag bereits heute den größten Impact auf künftigen strategischen Erfolg haben. Und: Was kann jeder Einzelne genau in diesem Moment tun, um sichtbar bessere Ergebnisse zu erzielen? Konkrete Alltagssituationen als Hebel für die Strategie-Aktivierung, Moments that Matter bringen einen weiteren entscheidenden Vorteil: Sie machen Strategien nicht nur sicht- und erlebbar, sondern sie involvieren Mitarbeitende direkt. Die Situationen, die zum Erreichen der Strategie beitragen, sind selten Vorstandssitzungen oder Geschäftsleitungs-Offsites.

Im Gegenteil: Es sind etablierte Meetings, Entscheidungs- oder Abstimmungssituationen, manchmal sogar Mitarbeitergespräche; es kann ein Teil vom Onboarding neuer Mitarbeitender sein, ein Moment beim Check-in – kurzum sehr konkrete Situationen im Alltag von Mitarbeitenden.

Nutzt man Moments that Matter, dann werden die bis dahin abstrakten Strategiepapiere Teil konkreter, alltagsbezogener Handlungen und jeder, der an ihnen beteiligt ist, sieht, welches sein Beitrag zum strategischen Gesamterfolg ist.

Ein weiteres Beispiel: Der Moment, der zur Verbesserung der Kundenorientierung in der IT einer globalen Investmentbank geführt hat. Dort entfaltet der Vorstand ein bisher nie erlebtes Momentum von dem Tag an, als er in monatlichen Telefonaten mit rund 50 Teilnehmenden einzelne Mitarbeitende anekdotisch für ihr verständnisvolles Verhalten gegenüber Kunden lobt. Nur ein einziges Telefonat alle vier Wochen, wenige Minuten (und das gezielte Vorbereiten des Vorstands) sind nötig, um so etwas Abstraktes wie «Kundenorientierung» bei den Top-Führungskräften verständlich zu zeigen. Nicht weniger, aber auch nicht mehr – und der Vorstand erreicht damit das, was unzählige Change-Projekte vorher nicht annähernd geschafft haben: eine Sehnsucht danach, kundenorientierter zu sein." (vgl. Thiessen & Wreschniok, 2019)

Moments that Matter sind…

- ganz konkrete Momente im Arbeitsalltag (d. h. keine abstrakten Situationen wie «Meetings», sondern etwas wie «der Moment, in dem ich das Telefon abnehme, wenn ein Kunde anruft»)
- richten sich an die Zukunft (d. h. nicht an eine beliebige Zukunft, sondern die Zukunft, die ganz konkret in der Unternehmensstrategie beschrieben wird)

Fokus auf Stärken, nicht Schwächen

Eine der beeindruckendsten Arbeiten zum Thema Geisteshaltung sind zweifelsohne die von Carol Dweck, die zwischen „fixed“ und „growth mind-set“ unterscheidet. Denn ihre Arbeiten sind heute vielerorts die Grundlage von Führungskräfte- oder Organisationsentwicklung (der Fallstudie von Microsoft in diesem Buch liegen die Annahmen Dwecks zugrunde). Der Unterschied zwischen beiden ist die mentale Sichtweise auf Dinge: Während eine fixierte Geisteshaltung davon ausgeht, dass Fähigkeiten angeboren und kaum zu verändern sind, so gehen Menschen, die wachstumsorientiert denken, davon aus, alles ist erlernbar. Mit weitreichenden Konsequenzen: Herausforderungen, Probleme, alles, was letztlich überwunden werden muss.

Während eine fixierte Geisteshaltung davon ausgeht, dass Fähigkeiten angeboren und kaum zu verändern sind, so gehen Menschen, die wachstumsorientiert denken, davon aus, alles ist erlernbar.

Abbildung 34: Illustration von Super-Powers im Rahmen eines Strategie-Aktivierungsprojektes, TATIN Institute 2022

Die Idee des Growth Mindset weiterentwickelt hat die kalifornische Transformationsberatung SY Partners (die u.a. Transformationen bei Starbucks oder Facebook begleitet hat). Sie argumentieren, dass jeder von uns neben seinen professionellen Fähigkeiten und Erfahrungen auch ein Set an „Superpowers" hat: Talente, die jeden Einzelnen ausmachen und in der Kombination wertstiftend für die Strategiearbeit sind. Den Fokus auch hier nicht nur auf den professionellen Hintergrund zu richten, sondern auf persönliche Talente, ist ein weiterer Aktivierungsmechanismus.

Hier ist eine Auswahl dieser Superpowers, die durch das TATIN Institute for Strategy Activation weiter entwickelt wurden und die wir in der Aktivierung nutzen.

Welche ist deine Superpower?

Energie

Menschen mit viel Energie sind wahre Motivatoren und schaffen es mit Leichtigkeit, die Menschen um sie herum mitzureißen. Sie nehmen sich selbst nicht zu ernst zu und wissen genau, wie sie die richtige Stimmung erzeugen können. So halten sie ihr Team stets auf Kurs und schaffen es, ihre Teams zu motivieren, wenn diese sich ausgelaugt fühlen. Doch auch ihren eigenen Zielen kommen sie mit hoher Effizienz näher, da sie die Energie in Fokus und Konzentration umwandeln können.

Zu viel Energie wirkt manchmal wie Ungeduld und kann dazu führen, dass den Bedenken der Teams nicht genug Raum gegeben wird. Gute Stimmung kann zwar helfen, Spannungen zu lösen, allerdings kann sie auch von Problemen ablenken und als unangebracht empfunden werden.

Einfühlungsvermögen
Menschen mit der Superpower Einfühlungsvermögen haben ein feines Gespür für die Bedürfnisse anderer um sich herum. Die Gabe, selbst Unausgesprochenes hören zu können, lässt sie intuitiv die emotionale Lage ihres Teams erfassen. Im Gespräch finden sie leicht passende Worte und treffen den richtigen Ton. Dies macht einfühlsame Menschen zu hervorragenden Vermittlern im Beziehungsaufbau. Durch ihre bemerkenswerte Wahrnehmungsfähigkeit steigen sie hinter die Fassade der Kollegen und lernen sie so mit allen ihren Eigenheiten kennen.

Zu viel Einfühlungsvermögen kann dazu führen, dass Kollegen Probleme damit haben, den eigenen Standpunkt der Person klar zu erkennen, da sie die Welt nur aus der Perspektive anderer betrachten. Außerdem verhelfen Menschen mit viel Einfühlungsvermögen dem Gegenüber manchmal dazu, die eigenen Emotionen erst so richtig wahrzunehmen. Dann muss man sich Zeit nehmen, das Gefühlsleben durchzusprechen.

Problemlösung
Mit einem Feuereifer dringen sie zum Kern eines Problems vor und beheben es im Handumdrehen. Mit genau den richtigen Fragen finden sie heraus, woran es hakt und warum und zeigen so bislang verborgene Lösungswege auf. Während andere kalte Füße bekommen, werden sie bei Problemen erst so richtig wachsam. Somit können Menschen mit dieser Superpower eine große Hilfe für ihr Team sein, wenn es sich in einer Sackgasse verrannt hat.

Zu viel Problemlösung Sie arbeiten schnell, selbst in stressigen Situationen und sind so dem Team möglicherweise immer ein paar Schritte voraus. Kollegen könnten Schwierigkeiten haben, mitzuhalten, daher sind Pausen notwendig.

Provokation
Auf Nummer sicher gehen gibt es für sie nicht. Diese Superpower verleiht den Menschen ein dickes Fell und Willensstärke. Provokateure pushen das Team regelmäßig aus der Komfortzone und entdecken so verborgene Potenziale. Sie geben sich dabei nicht mit Mittelmäßigem zufrieden, sondern streben immer nach Perfektion. Das Team braucht sie, wenn es an Originalität mangelt.

Zu viel Provokation wird oft als unangenehme Kritik oder sogar Beleidigung wahrgenommen und führt dazu, dass die Teamkollegen Vertrauen verlieren. Dieses Vertrauen ist allerdings die Voraussetzung dafür, dass die Kollegen überhaupt empfänglich sind für die Provokationen.

Experimentierfreude
Experimentierfreudige Menschen sprudeln nur so von neuen Ideen. Sie sind in der Lage, verschiedene Strategien blitzschnell zu entwickeln, die vielversprechendsten in die Tat umzusetzen und auf dem Weg den Feinschliff vorzunehmen. Wenn das Team nicht weiterkommt, können sie aushelfen und den richtigen Anstoß geben. Angst vor Versagen kennen sie nicht.

Zu viel Experimentierfreude kann einschüchternd auf andere wirken, da sich nicht jeder mit der Geschwindigkeit im Arbeitsmodus wohl fühlt. Für Kollegen kann es daher notwendig sein, die Dinge in kleinere Stücke aufzuteilen und somit Stück für Stück dem Ziel näher zu kommen – mit kleinerem Risiko.

Systemdenken
In komplizierten Situationen helfen sie dem Team dabei, sich zurechtzufinden und die Vor- und Nachteile abzuwägen. Systemdenker*innen haben keine Angst vor dem Unbekannten. Wenn andere den Wald vor lauter Bäumen nicht mehr sehen, behalten sie den Überblick. Sie arbeiten sich bei Problemen systematisch vor und führen dann alle Fäden zusammen, da sie in der Lage sind, zwischen scheinbar zusammenhangslosen Faktoren eine Verknüpfung zu sehen.

Zu viel Systemdenken kann problematisch sein, wenn eine Entscheidung im Team bereits getroffen wurde. Die Superpower lässt einen die Dinge immer wieder neu aufrollen, doch für andere kann das zermürbend sein. Bei Kollegen kann zu viel Systemdenken außerdem manchmal zu Verwirrung führen, vor allem wenn sie in alle Details miteinbezogen werden. Sie sehen nicht das, was Menschen mit Systemdenken sehen.

Harmoniestreben
Menschen mit einem stark ausgeprägten Streben nach Harmonie versuchen, Konflikte auf ein Minimum zu reduzieren. Sie haben einen guten Sinn, die Stärken und Schwächen anderer Kollegen zu erkennen und sie anschließend über Gemeinsamkeiten bestmöglich zu verbinden. So geben sie einem Team, das noch etwas strauchelt, einen gemeinsamen Takt vor.

Zu viel Harmoniestreben Manchmal sind kleinere Konflikte notwendig, um voranzukommen. Dann sollte sich nach Harmonie strebende Kollegen etwas zurückhalten, um der Optimierung des Teams nicht im Weg zu stehen.

Vereinfachung
Menschen mit der Superpower Vereinfachung arbeiten sich, selbst wenn alle anderen den Überblick verlieren, durch einen Wald von Informationen und Tasks und walzen jede Barriere nieder, um die nächsten Schritte zu identifizieren. Wenn das Team einen Haufen an Ergebnissen vor sich liegen hat und sich nicht sicher ist, was sie alle bedeuten, können Menschen mit der Superpower helfen, den roten Faden zu finden.

Zu viel Vereinfachung kann dazu führen, dass Kollegen abgehängt werden, weil ihnen nicht genug Zeit gelassen wird, das Licht am Ende des Tunnels selbst zu sehen. Hier ist Geduld gefragt. In Stresssituationen ist es außerdem wichtig, keine Details auszulassen, damit andere die Schritte nachvollziehen können.

Entscheidungskraft
Diese Superpower verleiht den Menschen Mut, Entscheidungen zu treffen und zu diesen zu stehen. Mit Leichtigkeit und Selbstvertrauen wägen sie ab, schlüsseln auf und treffen letztendlich eine Entscheidung. Dabei gehen sie pragmatisch anstelle perfektionistisch vor, da sie sich der tausend Möglichkeiten bewusst sind, aber auch, dass es nicht die einzig wahre gibt. Sie kommen schnell zu Schlussfolgerungen, allerdings keineswegs unüberlegt oder impulsiv. Sie haben einfach mit der Zeit eine Formel entwickelt, die ausgefeilschte Analyse, Erfahrung und einen hervorragenden Instinkt vereint.

Zu viel Entscheidungskraft kann in Stresssituationen dazu führen, dass Kollegen sich gedrängt fühlen. Gerade, wenn eine Entscheidung immer wieder aufgeschoben wird, macht das entscheidungsfreudige Menschen ungeduldig.

Durchhaltevermögen
Menschen mit ausgeprägtem Durchhaltevermögen sind bei einem Langstreckenlauf die treibende Kraft im Team. Mit ihrer Motivation und ihrer Ausdauer reißen sie ihre Teamkollegen auf der Strecke mit sich und bringen sie über die Ziellinie. Sie treiben die Dinge voran, bis sie erledigt sind, und zeichnen sich durch hohe Hartnäckigkeit und Fokus aus.

Zu viel Durchhaltevermögen kann dazu führen, dass andere Kollegen auf der anstrengenden Strecke abgehängt werden, weil sie nicht die gleiche Ausdauer besitzen. Daher sind Pausen für das gesamte Team unumgänglich.

Verhandlungsmacht
Für Menschen mit Verhandlungsmacht ist das Verhandeln eine Kunst, die sie mit großer Leidenschaft ausüben. Ihr präzises Urteilsvermögen lässt sie selbst in schwierigen Auseinandersetzungen oder Meinungsverschiedenheiten nicht im Stich. Sie sind durchsetzungsfähig, aber auch bereit, Kompromisse einzugehen, was sie für das Team sehr wertvoll macht.

Zu viel Verhandlungsmacht wirkt auf andere manchmal einschüchternd, denn nicht jeder fühlt sich so dermaßen wohl mit Verhandlungen, wie Menschen mit dieser Superpower. Auch bringen einige Teamkollegen vielleicht eine Menge an Emotionen mit in den Prozess ein und nehmen dadurch einiges zu persönlich.

Rekalibrierung

Wenn das Team aus der Spur geraten ist und die Emotionen heiß laufen, kann ein Kollege mit der Superpower Rekalibrierung meist aushelfen. Sie sind immun gegen jegliche Störungen von außen und schaffen es immer, die Situation wieder unter Kontrolle zu bringen. Klar und fokussiert lassen sie sich durch nichts aus der Ruhe bringen. Zu viel Rekalibrierung wirkt auf emotionale Kolleg*innen manchmal abstoßend, da sie die Gleichmäßigkeit nicht durchschauen und mit Gleichgültigkeit verwechseln. Das mag frustrierend wirken und scheint, als würden sie sich nicht für das Team einsetzen.

Woran erkennst du, dass du auf der richtigen Spur bist? Fokussieren

Wenn du vom Abstrakten ins Konkrete gekommen bist bei der Strategie-Aktivierung, dann...

- werden gemeinsame Ziele, die vor euch liegen wichtiger als die kollektive Nabelschau, wie man sich vermeintlich zu verändern hat.
- spürst du, wie du jeden Tag mit deiner Arbeit einen Unterschied machen kannst und nicht nur über die Teilnahme an Change-Programmen.
- ziehen Kollegen plötzlich mit, weil sie wissen, wie sie ihre Stärken dazu einbringen können.
- kennst du die Momente mit dem größten Hebel in deiner täglichen Arbeit für den künftigen Erfolg.
- passiert der häufig beschworene Wandel von ganz allein, weil jede(r) überlegt, wie er sich für das Neue einbringen kann und im Austausch der Ideen Neues entsteht.

Experimentieren

Einer der gerne und häufig bemühten Narrative, die Aufbruch und Zuversicht vermitteln sollen, ist der Gedanke des „Pionier-Seins". Und in der Tat ist es eine wunderbare Metapher, aber deren wahre Stärke wird allerdings nur selten erzählt. In den gängigen Change-Erzählungen steht bei der Pionier-Metapher häufig der Gedanke des „Erster sein" im Mittepunkt. Erster auf dem Mond, Erste auf dem Berg, Erster in einer neuen Welt. Und das ist ein Aspekt, der den Pionier kennzeichnet. Ein ebenso wichtiger ist aber der folgende: Pioniere scheitern zahllose Male, bevor sie ihr Ziel erreiche, Pioniere geben nicht auf, Pioniere versuchen neue Wege, wenn der erste nicht funktioniert hat, Pioniere werden dabei nicht bewundert, sondern im besten Fall verhöhnt, Pioniere halten eine lange harte Zeit durch, bis sie ihr Ziel erreichen. Und es gehört auch zur Geschichte eines Pioniers, dass das eigentliche Ziel nie erreicht wird, aber sich ein anderes auf dem Weg als umso wertvoller entpuppt. Im Grunde ist die Pionier-Metapher keine plumpe „Wir-wollen-die-ersten-und-besten-sein-Geschichte", sondern ein hervorragendes Narrativ über agiles Arbeiten, Denken in Optionen, keinen Dank erwarten dürfen für neues Ausprobieren, aber Ruhm, wenn es doch funktioniert hat.

Wenn es darum geht, Organisationen zu aktivieren, rücken alle diese vermeintlichen Schattenseiten des Pionier-Seins (die Dinge, die vor dem Ruhm passieren) ins Licht. Und der positive Umgang damit wird im unternehmerischen Kontext gerne als Fehlerkultur beschrieben. Wer das Konzept verstanden hat, hat damit kein Problem und sieht die Beschleunigungskraft dahinter. Wer aber gerade im deutschen Sprachraum mit dem Konzept im Rahmen eines neuen Transformationsprogramms als die neue „Parole vom Chef" damit konfrontiert wird, versteht die Welt nicht mehr. Den Fokus auf Fehler legen? Fehler machen, um davon zu lernen? Das klingt falsch und ist auch so falsch verstanden. Daher haben wir nach neuen Worten gesucht und sind bei der

Probierkultur gelandet. Neues ausprobieren. In kleinen Schritten. Kontrollierte Experimente und Piloten, die Schritt für Schritt ausgerollt, geprüft, zum Teil verworfen, zum Teil verbessert werden, aber die eben so früh wie möglich in der Praxis erprobt oder eben ausprobiert werden.

Damit autonome Teams sich gegenseitig in ihren Aktivitäten ergänzen und bereichsübergreifend denken und arbeiten, braucht es ein verbindendes Narrativ, wie es im Kapitel ➔ Big Pictures – Strategielandkarte & Storytelling vorgestellt wird. Es gibt Dutzende Narrative und darunter sind auch keine falschen oder einzig wahren, sondern es gilt, genau die Metaphern für das Narrativ zu finden, das die Strategie als spannende Geschichte über die Zukunft der eigenen Organisation erzählt. Am Beispiel der recht beliebten Pionier-Metapher wollen wir einige Hinweise geben, worauf dabei zu achten ist.

Wie bringe ich eine Organisation dazu, auszuprobieren?
Die erste Herausforderung bei der systematischen Einbindung möglichst vieler Kollegen ist es, das rechte Maß zu finden. Beispielsweise von 10.000 Menschen Ideen für die Umsetzung der Strategie zu erhalten und diese auch noch auszuprobieren, ist im ersten Schritt ein ebenso faszinierender wie naiver Gedanke und in der Realität ein Alptraum. 10.000 Ideen müssen gesichtet, bewertet und in der Regel verworfen werden. Statt der großen Partizipation wird daraus die große kollektive Enttäuschung. Und viele „Ideen" kann man auch gar nicht einfach mal so ausprobieren. Sie verlangen eine präzise Vorbereitung, Planung und Budgetierung. Ein Projektoffice für die Umsetzung und nicht nur finanzielle, sondern zusätzliche personelle Ressourcen. Kurzum: Das wollen sie nicht.

Wenn es darum geht, die Organisation im großen Maßstab gesteuert zu aktivieren, gibt es einige pragmatische Mechanismen und Hebel. So gilt es, die Organisation …

- auf die Momente zu fokussieren, mit dem größten Hebel auf den künftigen Erfolg, und das können in vielen Situationen auch Dinge sein, die einfach zur Verbesserung operativen Exzellence beitragen (siehe das Kapitel ➔ Fokussieren in diesem Playbook)

- entlang von „Prozessen, die das Denken lenken" auszurichten, um „Neues auszuprobieren", vernünftig zu kanalisieren, zum Beispiel mit dem Konzept des „Circle of Influence" oder der Tiny Habits von der University of Standford

- mit subtilen Methoden, wie dem Nudging oder systemischen Ansätzen, wie dem Working out Loud, das „Ausprobieren" in kontrollierten Experimenten zu erleichtern.

Schauen wir uns diese Hebel einmal genauer an.

Prozesse die das Denken lenken

Nachdem wir die Moments that Matter bereits im Kapitel Fokus beschrieben haben, stellen wir hier ergänzend den „Circle of Influence" vor. Im Grunde geht es darum, sich in der täglichen Arbeit, aber auch im persönlichen Denken nur auf die Dinge zu konzentrieren, die man wirklich beeinflussen kann. Und sie von den Themen zu trennen, die zwar durchaus irgendjemand lösen wird, man sie aber persönlich gar nicht beeinflusse kann („Circle of Concern"). Das folgende Beispiel verdeutlicht diese Idee:

Abbildung 35: Circle of Concern & Circle of Influence nach Covey 1989

Wenn es nun darum geht, eine Probierkultur im Unternehmen zu etablieren, die dabei hilft, strategische Ziele schneller zu erreichen, ohne zu einer Überlastung des Systems zu führen, dann solltest du das Denken auf den Circle auf Influence richten.

Denn Mitarbeitende, die das große Ganze verstehen, weil sie das Big Picture kennen und die Momente für sich identifiziert haben, wo sie den größten persönlichen Hebel für den künftigen Erfolg haben, und sich ihrer Stärken bewusst sind – wenn sie genau an diesen Momenten arbeiten, dann haben sie mit dem Circle of Influence eine machtvolle Methode an der Hand, um echte Selbstwirksamkeit zu entfalten.

Mitarbeitende, die das große Ganze verstehen, haben mit dem Circle of Influence eine machtvolle Methode an der Hand, um echte Selbstwirksamkeit zu entfalten.

Bereits einfache Trainings oder Workshops mit Teams zum Circle of Influence versus Circle of Concern sind nützlich, Mitarbeitenden eine hilfreiche Gedankenstütze an die Hand zu geben, sich radikal auf das zu konzentrieren, was sie persönlich auch lösen können. Wir haben erlebt, dass viele die Schuld in anderen Teams oder bei anderen Personen suchen, wenn es darum geht, Lösungen zu entwickeln. Doch genau dieser Falle willst du entgehen – daher hilft eine Übung rund um den ganz persönlichen Circle of Influence enorm, Dinge wirklich zu bewegen.

Tiny Habits

Eine weitere starke Methode zum Circle of Influence wurde an der University of Standford entwickelt und nennt sich Tiny Habits (vgl. https://tinyhabits.com/). Die Idee dahinter: Wenn man (Unternehmens-)Kultur nachhaltig verändern möchte, sollte man nicht mit großen neuen Werten oder noch größeren Change-Programmen beginnen, sondern mit vielen tausend neuen Tiny Habits.

Wie funktioniert das Konzept? Es beginnt damit, dass man sich täglich immer wiederkehrender Rituale bewusst wird. Und auch hier geht es „tiny" los: Jeden Morgen berühren meine Füße nach dem Aufstehen den Boden. Jeden Tag putze ich mir die Zähne, treffe ich Menschen, konsumiere ich Medien, esse ich, gehe essen, rede ich, tausche mich aus, gehe zu Bett.

Dann geht es darum, mit ausgewählten Tiny Rituals neue Gewohnheiten zu verbinden, die wiederum auf persönliche oder, wenn man so will, strategische Ziele einzahlen. Ziel – ich möchte mich besser fühlen: Jeden Tag, wenn meine Füße den Boden zum ersten Mal berühren (Ritual), sage ich: Heute wird ein guter Tag (neue Gewohnheit). Ziel – ich möchte abnehmen: Jedes Mal, wenn mir der Kellner im Restaurant ein Brot anbietet (Ritual), sage ich: Nein Danke, (neue Gewohnheit). Ziel – mehr Fokus in der Arbeit: Jedes Mal, wenn ich meinen Computer hochfahre (Ritual), dann schalte ich meine Social Media Notifications ab (neue Gewohnheit). Ziel – bessere bereichsübergreifende Zusammenarbeit: Jedes Mal, wenn ich ein neues Projekt starte, von dem früher oder später die Nachbarabteilung betroffen sein wird, lade ich einen der Kollegen zum Kick-off-Meeting ein.

Besonders spannend wird es in der Aktivierung von Organisationen, wenn man, anonym oder mit eigenem Namen, diese neuen Tiny Habits für Kollegen zugänglich und vergleichbar macht. Die können rund um Unternehmenswerte entstehen oder rund um neue (agile) Arbeitsprozesse oder rund um die Erreichung neuer strategischer Ziele. Wichtig ist hier wieder, den Prozess, der das Denken lenken soll, genau zu definieren und sich bei der „Wie"-Frage zurückzuhalten. Sobald du nämlich beginnst, Dritten ihre Tiny Habits vorzuschreiben, hast du gerade Mikromanagement auf der sozialen Ebene im Unternehmen erfunden und wirst das Gegenteil von Aktivierung erreichen. Oder, wie es in einem Aphorismus einmal beschrieben wurde: Das Schwierigste ist, eine Ordnung für sein eigenes Leben zu finden. Das Einzige was noch schwerer ist, ist es, diese Ordnung anderen nicht aufzuzwingen.

Das Schwierigste ist, eine Ordnung für sein eigenes Leben zu finden. Das Einzige was noch schwerer ist, ist es, diese Ordnung anderen nicht aufzuzwingen.

Working out Loud

Die Methode des Working out Loud (WOL) hat im eigentlichen Sinne gar nichts mit lautem Arbeiten zu tun. Vielmehr ist es eine fast schon kulturprägende Methode, in kleinen Gruppen (sogenannten „Circles") an der fachlichen und persönlichen Weiterentwicklung der jeweils anderen teilzunehmen (vgl. hierzu insbesondere Bryce Williams 2010 und John Stepper 2015 bzw. https://youtu.be/XpjNl3Z10uc). Im Kern ist WOL ein zielgerichtetes Weiterentwickeln, miteinander Wachsen, grosszügiges Teilen von Wissen, Pflegen von neuen Beziehungen und das Sichtbarmachen der eigenen Arbeit – also vor allem ein Peer-learning-Verfahren.

Beim Working out Loud treffen sich ca. 3 bis 5 Mitarbeitende binnen 12 Wochen (in der Regel eine Stunde pro Woche) regelmässig. Die Teilnehmer setzen sich aus bewusst unterschiedlichen Bereichen der Organisation zusammen, um über die berufliche, fachliche, persönliche Entwicklung zu sprechen. Dadurch, dass diese Zirkel regelmässig zusammenkommen, unterstützen sich die Teilnehmer gegenseitig, eingangs gesteckte Lernziele zu erreichen. Working out Loud greift auf verschiedene agile Mechanismen zurück: Cross-funktionale Teilnehmer, Selbstorganisation, Retrospektiven bzw. der Umgang mit kritischem Feedback.

Der Ablauf ist einerseits vorstrukturiert und andererseits extrem frei gestaltet. In der ersten Session definiert der Zirkel ein gemeinsames Lernziel oder Thema, mit dem sie sich auseinandersetzen möchten (vgl. hierzu auch die sogenannten Circle Guides online unter https://workingoutloud.com/). Danach beginnt eine sehr selbstorganisierte Arbeit. Anhand von fünf Prinzipien der Methode teilen die Teilnehmenden Wissen, überlegen sich selbst, wie sie ihrem Lernziel näher kommen, machen ihr eigenes Wissen dabei sichtbar. Das neugierige Erarbeiten von Wissen und das Verfolgen eines gemeinsamen Lernziels etabliert ganz en passant neue Netzwerke und Beziehungen – die es vorher nicht gegeben hat, da sich die Teilnehmenden in der Regel vorher nicht kennen.

Worauf wollen wir hinaus? Working out Loud ist eine Methode, um mit Wissen zu experimentieren, gemeinsam Lösungen zu erarbeiten, Themen zu durchdringen, all dies in einer recht freien und wertschätzenden Atmosphäre. Manche Unternehmen haben heute Tausende von WOL-Zirkeln, darunter BMW, Bosch, Deutsche Telekom oder Siemens.

Systematisch und gesteuertes Ausprobieren

Nehmen wir die bisherigen Mechanismen einmal zusammen: Sich über die persönlichen Momente mit dem größten Hebel für den künftigen Erfolg, meine Stärken, den eigenen Einflusskreis und die individuellen Tiny Habits Gedanken zu machen und ggf. in WOL Zirkeln auszutauschen sind alles hervorragende Möglichkeiten, Ideen und Themen rund um eine Strategie oder Transformation zu aktivieren. Doch wie kommt man von der Selbstreflexion zum kollektiv abgestimmten Handeln?

Hier lässt sich die Idee hinter WOL weiterdenken und direkt auf die Strategie-Aktivierung anwenden. Im Sinne eines „Prozesses, Denken zu lenken" – ohne die Freiheit der Methode aufzugeben. Konkret gibt man den 12 Wochen eine Agenda – jeweils für 2 Wochen in die Zirkel:

1. Woche
Kontext vermitteln. Bei der Strategie eignet sich der Big Picture-Ansatz. Idealeweise visualisiert – die Teams tauschen sich über diesen Kontext aus.

2. Woche
Selbstbezug herstellen. Wo sehe ich mich auf dem Big Picture, welches sind meine Stärken, die ich einbringen kann?

3. Woche
Notwendige Capabilities an sich selbst entdecken: Worin bin ich heute bereits gut und kann dies in die Aktivierung der Strategie einbringen?

4. Woche
Schnell im Lösungsmodus an reale Herausforderungen heranführen. Wo kommt man nicht weiter? Wie können wir in unserem Circle of Influence Dinge bewegen?

5. Woche
Verstetigen oder neues Thema beginnen?

6. Woche
Wir nutzen den aus der Pandemie gelernten R-Faktor in eigener Sache. Mindestens zwei Teammitglieder erklären sich bereit, ein eigenes WOL-Team zu gründen, und schon wird binnen weniger Wochen eine gesamte Organisation aktiviert.

Diesen Kreislauf kann man in autonom agierenden Teams – vielleicht im ersten Schritt in der eigenen Abteilung und im nächsten dann bereichsübergreifend zu einem Perpetuum Mobile des strategischen Erfolgs kultivieren.

Der Zeitaufwand für ein solches Verfahren orientiert sich übrigens an dem Gedanken, dass nur sehr wenig Zeit im durchgetakteten Tagesablauf bleibt. Schon 24 Minuten pro Woche reichen für eine Missions-Besprechung. Zum Zeiten strukturell: Das, was wir besprechen und ausprobieren, bedeutet kein weiteres To-Do auf der ohnehin zu langen Liste, sondern durch den Fokus auf den Circle of Influence konzentriert man sich auf das, was wir ohnehin schon tun, und hilft, es schneller, besser, richtiger und mit mehr Spaß umzusetzen – und das nicht nur alleine sondern im Team.

Abbildung 36:
Meet the modern learner nach Bersin by Deloitte's, TATIN Institute 2022

Micro Experiments

Die letzte Methode, die wir vorstellen, haben wir bei Google und auch Amazon zum ersten Mal in Perfektion gesehen: Das systematische Durchführen sogenannter Micro-Experiments. Das meint: ausprobieren, ausprobieren, ausprobieren. Teilweise Teams gegeneinander antreten lassen und nur mit der besten Lösung weiterziehen.

Bei dem Durchführen von Experimenten im großen Stil sind zwei Dinge entscheidend: Erstens, Experimente wieder abzubrechen. Wir haben Firmen erlebt, die starten einen Piloten nach dem anderen und beenden diese dann aber nicht – was oftmals dazu führt, dass man Komplexität erhöht und nicht reduziert. Und zweitens systematisch auswerten, d.h., nicht so sehr das Experiment steht im Vordergrund, sondern das Erlernte: Was hat funktioniert und warum, was nicht und warum, wo lohnt es sich, weiter zu experimentieren, wo nicht? Welches Wissen hilft vielleicht nicht mir, aber wem anders. Nur so lässt sich Wissen skalieren und in viele Bereiche eines Unternehmens hineintragen. Mut, Experimente als gescheitert zu erklären, und Offenheit, mit Anderen das Erlernte ungefragt zu teilen, sind Mechanismen, die wir in Unternehmen gesehen haben, die das Experimentieren zum Kern ihrer Ideenkultur gemacht haben.

Woran erkennst du, dass du auf der richtigen Spur bist?

Experimentieren

Wenn du vom Reden ins Tun gekommen bist bei der Strategie-Aktivierung, dann...

- konzentrierst du dich auf die Punkte, die du wirklich beeinflussen kannst in der täglichen Arbeit.
- diskutierst du im Team die Punkte, die nicht der Einzelne, aber die Organisation verbessern kann, weil ihr alle an einem Ort arbeiten möchtet, der es euch leicht macht, erfolgreich zu sein.
- merkst du, wie unterschiedliche Perspektiven auf ein und dasselbe Thema dich bereichern und befruchten in deiner eigenen Sichtweise.
- hast du Wege gefunden, dich im Team weiterzuentwickeln und gleichzeitig in der Arbeit effizienter und effektiver zu werden, weil Verbesserung „on the go" passiert.

Dauerhaft laufen lassen

Strategie-Aktivierung ist kein Projekt, das irgendwann einmal beginnt und dann endet. Denn selbst wenn die Umsetzung Strategie irgendwann einmal erreicht wurde, dann wird es ein neues Bild der Zukunft geben, es gibt neue Märkte zu erobern, neue Technologien zu entwickeln usf. Und auch wenn eine Strategie nicht erfolgreich ist, dann wird der Moment kommen, wo man die Annahmen hinterfragen und ein aufgefrischtes Zielbild definieren wird.

> Das Aktivieren von Strategien ist also vielmehr ein ständiges Reflektieren und Aushandeln der Zukunft.

Das Aktivieren von Strategien ist also vielmehr ein ständiges Reflektieren und Aushandeln der Zukunft und ein Definieren, welchen Beitrag die Gesamtorganisation zu diesem Zukunftsbild idealerweise beitragen kann. Wir haben in unserer Erfahrung erlebt, dass insbesondere agile Mechanismen helfen, Strategie-Aktivierung dauerhaft am Laufen zu halten. Denn sie installieren in Organisationen einen „Herzschlag", innerhalb dessen ständig produziert und geliefert wird. In einer synchronisierten Autonomie steht dabei der Mensch im Mittelpunkt und seine Fähigkeiten, um diese in ein grosses Gesamtbild einzubringen. Sicher gibt es noch andere Möglichkeiten, Aktivierungen ein ständiges Momentum zu geben – aufgrund unserer guten Erfahrung stellen wir hier nun vor allem Mechanismen aus dem agilen Werkzeugkasten vor. Bevor wir in die einzelnen Mechanismen einsteigen, noch ein Wort dazu, was wir mit Agilität nicht meinen: Vor allem das Einführen agiler Setups (z.B. des Spotify-Models, des SAFe Frameworks, der Scrum-Methodologie o.Ä.). Was wir vorschlagen, ist das Nutzbarmachen agiler Mechanismen und Prinzipien – und dessen Übersetzung in ganz pragmatische Lösungen und Setups. Entsprechend haben wir die folgenden Kapitel anhand zentraler agiler Prinzipien strukturiert und zeigen auf, wie sich diese für die Arbeit der Strategie-Aktivierung nutzbar machen lassen.

Fallstudie Allianz #lead – What makes a great leader?

Interview mit Tony White

#lead ist eine globale Initiative der Allianz als Teil ihres Transformationsprogramms – mit dem Ziel, allen Führungskräften eine Capability-Development-Umgebung bereitzustellen, die weniger Inhalte vermittelt, als konkrete Dialoge für sichtbare Veränderungen fordert. #lead wird auf einer digtialen Accelleration Plattorm bereitgestellt, bei der rund 18.000 Führungskräfte sogenannte „Missionen" bearbeiten.

Beginnen wir zunächst mit ganz Grundlegendem: Welches sind heute und in naher Zukunft die Anforderungen an das Entwickeln von Leadership-Fähigkeiten für globale Konzerne wie die Allianz?

Für mich sind dies ganz klar zwei Dinge: die Personifizierung des Lernens und das zeitnahe Zurverfügungstellen relevanter Inhalte. Lassen Sie mich erklären, was ich damit meine. Würde man die Frage nach den Anforderungen mit dem Naheliegendsten beantworten, so würde man sicher das Stichwort Digitalisierung hören. Doch das stimmt nicht – ich kenne kaum einen Konzern, der keine digitale Lern- und Entwicklungsumgebung geschaffen hat. Was die wenigsten jedoch haben, ist, diese Umgebung auch schlagkräftig zu machen. Wenn wir mit unseren Lernprofis sprechen, dann hören wir immer wieder, dass die Lerninhalte viel zu allgemein sind. Sie adressieren breite Gruppen von Mitarbeitenden, jedoch eben nicht den Einzelnen, der in einem ganz bestimmten Feld wachsen will oder muss. Das meine ich mit Personifizierung. Und dies ist nur möglich, wenn wir nicht nur unsere eigenen Inhalte anbieten, sondern auch die frei verfügbaren im Internet oder die semi-verfügbaren von vielen Universitäten oder Lernanbietern, die fast alle ihre Inhalte heute zugänglich machen (prominentes Beispiel ist hier sicher die Harvard University).

Das Zweite, was mit den persönlichen Lerninhalten einhergeht, ist, diese dann auch zeitnah zur Verfügung zu stellen, nämlich genau dann, wann sie gebraucht werden. Im Übrigen ist digitales Lernen nur ein Teil des Spektrums – das Lernen von anderen (und dies wieder personalisiert und zeitnah zur Verfügung gestellt) ist sicher etwas, das viele Konzerne gerade erst begonnen haben, für sich systematisch zu nutzen.

Das ist interessant – was meinen Sie denn mit „von anderen lernen", wie mache ich mir dies denn dann nutzbar?
Sehen Sie, heute kann man sich mit jeder inspirierenden Führungspersönlichkeit verbinden und vernetzen. Sie schreiben einfach eine E-Mail oder schauen sich Interviews auf YouTube an und können ihren eigenen Führungsstil weiterentwickeln – womöglich hat derjenige, dem Sie dann zuhören, nicht einmal etwas mit den Werten oder Überzeugungen Ihres eigenen Konzerns zu tun. Und genau darin liegt die Herausforderung: Sie folgen, und dies zeigen psychologische Online-Studien deutlich, in der Regel denjenigen, die ähnlich denken wie Sie. Doch wie entwickeln Sie sich dann wirklich weiter? Ich sehe das Risiko, das wir beim Lernen heute haben: nämlich, dass wir im Echoraum von Menschen leben, die das gleiche lernen wie wir selbst – und schränken uns damit in Lern- und Denkansätzen immer weiter ein.

Und wie adressieren Sie dieses Risiko?
Für uns bei der Allianz denken wir Lernen bzw. Capability Development grösser – wir gehen der Frage nach: Wie können wir den Mitarbeitern helfen, das richtige Umfeld für sie zu schaffen, damit sie lernen und aus einer Zukunftsperspektive herauswachsen können? Es gibt heute eine Menge Arbeitsplätze in Industrien, die automatisiert werden und durch Künstliche Intelligenz (KI) ersetzt werden. Auch wir werden irgendwann neben einer KI sitzen und deshalb müssen wir uns mit ihr wohlfühlen. Und deshalb müssen das Lernen und die Führung dazu beitragen, unsere Mitarbeiter

auszubilden, ihnen ein Umfeld zu bieten, in dem sie sich für diese neue Zukunft weiterentwickeln oder umqualifizieren können. Nur so können wir Zukunft gestalten und werden nicht von ihr überrollt.

Wie entwickeln Sie Führungsfähigkeiten bei der Allianz?

Schauen Sie, die schlimmsten Online- oder eLearning-Plattformen sind die, bei denen Sie lernen mit der Geisteshaltung „Wenn ich das nicht mache, bin ich nicht compliant und stehe mit einem Fuss im Gefängnis". Nicht sehr inspirierend. Die nächstschlimmere Stufe sind die Lernumgebungen, da klickt man sich durch und bekommt am Ende irgendein Zertifikat. Oder man hat eine immense Sammlung von irgendwelchen „Lernpfaden" mit mehr oder weniger gut kuratierten Inhalten. Doch wirklich verändert hat sich eigentlich nicht wirklich etwas – weder im Unternehmen, noch bei mir selbst. Und das ist auch kein Wunder: Nehmen Sie die akademische Ausbildung – da steht Montag bis Freitag jemand vor Ihnen und lehrt Inhalte. Inhalte, denen die Industrie oftmals voraus ist. Doch was wir wiederum haben, ist der Dialog, die Face-to-Face-Kultur. Lernen entsteht in der Auseinandersetzung, dem gemeinsamen Lösen von Problemen, dem Beobachten und Abschauen. Und doch haben die meisten Unternehmen Lernsysteme, die dem eines akademischen Frontalunterrichts gleichen – es kommt nur irgendwie modern daher.

Wie sieht gutes Entwickeln von Führungskräften im digitalen Zeitalter aus?

Ich glaube, ich kehre mal zurück zur Allianz, einer 130 Jahre alten deutschen Versicherungsorganisation, die sehr konservativ vorgegangen ist. Wenn ich mir nun einmal #lead und die entstandene Acceleration-Plattform anschaue: Sie ist radikal. Sie ist so unallianzmäßig, das war sogar das Feedback, das ich von jemandem erhalten habe. Und damit war sie großartig, denn #lead provoziert Führung neu zu denken. Warum? Weil der (klassische) Weg, der uns ins Heute geführt hat, nicht der Weg zum künftigen Erfolg sein kann. Es war also ein Wachrütteln notwendig. Und ich denke #lead hat hier geliefert. Ich denke, dass wir radikaler waren und die Grenzen noch weiter verschoben haben. Für mich ist das, was wir geschaffen haben, auch keine Lernplattform – es ist vielmehr eine Beschleunigungsplattform für Strategie und Transformation. Und das ist übrigens auch der Grund, warum mir unser Ansatz so gut gefällt, denn es ist wirklich das, was wir am liebsten tun: komplexe Inhalte zusammenzustellen und zu versuchen, etwas Kohärentes daraus zu machen, eingebettet in eine spannende Geschichte über die Zukunft unserer Organisation.

Für mich ist das, was wir geschaffen haben, keine Lernplattform – es ist vielmehr eine Beschleunigungsplattform für Strategie und Transformation.

Das müssen Sie mir erklären – wie kann denn Radikalität Führungskultur fördern?

Gegenkultur fördert Kultur. Ich gebe Ihnen ein Beispiel: Wie ermöglicht die Figur Donald Trump durch die Gegenkultur und Provokation, die er hat, mehr Demokratie in den USA? Weil ich die Autokratie nicht will. Ich sehe, was ich nicht will. Wir haben bei #lead mit Personas gearbeitet und eine Figur eingeführt, den sogenannten „Dr. No“, also den Prototyp, der zu allem Nein sagt. Und indem wir Kontrast schaffen, eine Figur, die zu allem, was wir in der Führungskultur wollen, etwas entgegenzusetzen hat, provozieren wir bei unseren Führungsleuten einen Dialog. Und das ist spannend: Denn der schält genau das heraus, was bei uns Führungskultur im Kern ausmacht. Und warum ist das möglich? Weil wir uns auf Themen einlassen, die wir vielleicht nicht mögen. Wir sprachen weiter oben bereits darüber: zu vermeiden, sich nur mit den Meinungen auseinander-zusetzen, die meiner eigenen entsprechen. Eine Figur wie die des Dr. No schält diesen Diskurs auf hervorragende Weise heraus.

Was ist denn nun das Besondere an #lead?

Gehen wir noch einmal zu den Wurzeln der Allianz: Wir haben 130 Jahre lang als föderale Struktur organisiert, jede operative Einheit hat ihre eigene, einzigartige Identität, jede hat ihre eigene Kultur der Mikrokultur der Allianz: Wenn also Anna, eine Teamleiterin in Deutschland und Gregg, ein Teamleiter in Irland ist, ihre Rollen tauschen würden, dann wäre es, als würde man vom Mars zur Venus gehen, als würden wir in völlig andere Kulturen wechseln. Wir haben keine gemeinsame Sprache, keinen gemeinsamen Standard für das Führungsverhalten. Mit #lead sind wir jetzt in einen gemeinsamen globalen Dialog gestartet, um herauszuarbeiten, was es heute braucht eine erfolgreiche Führungspersönlichkeit zu sein.

Mit dem sogenannten „Führungspass" haben wir ein Instrument eingeführt, um die Basis dafür zu schaffen, dass es weltweit einen einheitlichen Standard gibt. Egal ob ich von Irland nach Sri Lanka, Mexiko oder Australien gereist bin, jede Führungspersönlichkeit kennt das Gleiche und hat die gleiche Erfahrung gemacht. Wir wissen also, dass das Basiswissen, und es muss als Basis betrachtet werden, vorhanden ist. Doch man darf es nicht bei Basiswissen belassen: Was wir tun müssen, ist, Lösungen zu entwickeln, die darüber hinausgehen und uns helfen, eine neue Führungskultur in der Allianz aufzubauen.

Ich denke also, der eigentliche Zweck unserer Führungskräfteausbildung besteht darin, eine weltweit einheitliche Sprache für die Führung in der Allianz zu schaffen und globale Netzwerke zu schaffen. Wir haben gerade die #Lead-Erfahrung gemacht, also die Erweiterung der Plattformen und das Feedback, das wir bekommen, ist fantastisch. Und der größte Aha-Moment für die meisten von ihnen ist, dass sie mit Menschen aus anderen Ländern auf der ganzen Welt die Allianz-Sprache als Führungskraft sprechen können.

Scotty: Das Schiff gehört Ihnen, Sir. Alle Systeme sind bereit und laufen automatisch. Ein Schimpanse und zwei Praktikanten könnten es fliegen!
Captain Kirk: Danke, Mister Scott. Ich werde versuchen, das nicht persönlich zu nehmen.

Star Trek

Die 11 agilen Prinzipien der Strategie-Aktivierung

#1 Kadenzen

Der Herzschlag eines Unternehmens sozusagen. Im Grunde genommen kennen wir das seit vielen Jahren, denn die meisten Konzerne rapportieren Quartalszahlen, sodass häufig zentrale Entscheide, Vorstandssitzungen etc. auf den Quartals-Rhythmus ausgelegt sind. Und auch in Organisationen, die es neu in Sprints und Iterationen schaffen, orientieren sich entsprechend oft an diesem Herzschlag. Die Ergänzung dieses Drei-Monats-Rhythmus ist das noch feinteiligere Unterteilen in (in der Regel) Zwei-Wochen-Rhythmen, die sogenannten Sprints. Diese werden in manchen Frameworks dann in sogenannte Iterationen zusammengefasst (z.B. alle 4-5 Sprints). Eigentlich unabhängig davon, für welches Setup man sich entscheidet – das Wichtige ist nun, dass die Sprints ein Enddatum darstellen für das Fertigstellen von Arbeitspaketen (siehe weiter unten ➔ „Produkte" oder „Teilprodukte" MVP). Das Neue an Kadenzen ist daher oftmals, erstens eine Regelmässigkeit zu haben, die feiner ist als Quartale (einige Teams planen sogar auf 12 Monate). Und die zweitens ständig sichtbare Ergebnisse produziert. Man geht dem sogenannten „work in progress", also dem ständigen Nicht-Fertig-Sein und aufeinander warten aus dem Weg.

Wenn wir Strategien aktivieren, dann setzen wir in der Regel derartige Kadenzen in Gang, d.h., Teams synchronisieren sich alle paar Wochen miteinander (z.B. durch das gemeinsame Planen der nächsten Iteration) und produzieren sehr schnell sehr sichtbare Ergebnisse. Dies lässt sich einerseits für das Erarbeiten konkreter Arbeitspakete in der Strategie-Aktivierung nutzen und andererseits natürlich auch für das Team selbst, was die Strategie-Aktivierung orchestriert (siehe hierzu das Beispiel der ➔ Swiss Re: Aktivierung der globalen HR-Funktion, um den Fokus hin zu mehr Agilität zu unterstützen in diesem Playbook).

#2 Produkte, Teilprodukte, Minimal Viable Products (MVP)

Die volle Kraft des schnellen Herzschlags entfaltet sich dadurch, indem man sich darauf verständigt, nach jeder Kadenz fixfertige „Produkte", d.h. Arbeitspakete, geliefert zu haben. Das ist entscheidend – die Produkte können klein sein, zu 80 % „perfekt", nur ein Teilprodukt aus einem grösseren – jedoch müssen sie fertig, sichtbar, greifbar sein. Denn nur so stellt man sicher, dass Aufgaben und Zielstellungen nicht in einer undurchsichtigen Gemengelage von „work-in-progress" untergehen, verschleiert werden oder sogar andere Teilprojekte und -aufgaben aufhalten. Und so schafft man über ein Jahr z.B. eine Vielzahl an sichtbaren Ergebnissen und kann ggf. steuernd eingreifen, wenn die gewünschten Ergebnisse nicht erreicht werden.

Die Idee des sogenannten Minimal Viable Product ist, sich gleich zu Beginn zu überlegen, was kann ich eigentlich in der vorgegebenen Zeit konkret erledigen bzw. möglich machen? Und genau darauf einigt man sich dann als „Produkt". Mit jedem Produkt beschreibt man nun noch die sogenannte „Definition des Erledigt-Seins" („defitition of done"), d.h. wann akzeptiert man ein Produkt als fertig. All diese Überlegungen passieren vor allem zu Beginn – und dann hat man einen Sprint, eine Iteration usf. Zeit, dies zu liefern.

Wir arbeiten in der Strategie-Aktivierung viel mit Produkten und Teilprodukten, weil sie schnell sichtbare Ergebnisse liefern. Man kann recht zeitnah entscheiden, ob ein Aktivierungsmechanismus funktioniert oder nicht – und man kann direkt daraus lernen. Was uns zum nächsten Prinzip bringt, dem Managen der eigenen Zeit.

#3 Managen von Zeit, nicht von Ergebnissen

Im klassischen Projektmanagement überlegt man sich, wie viel Zeit und Ressourcen brauche ich eigentlich, um ein bestimmtes Ergebnis zu liefern. In der agilen Welt ist es genau umgekehrt: Man überlegt sich, wie viel kann ich eigentlich liefern in der Zeit, die ich zur Verfügung habe. Für viele ist dies ein neues Denken. Wenn ich also in einer Iteration mein „Produkt" das ich liefern möchte, definiere, dann schaue ich direkt in meinen Kalender und merke, ich habe z.B. nur 20 % für Zeit. D.h. anstelle zu versprechen zu liefern definiere ich mein Arbeitspaket genauso gross, dass ich es in den 20 % auch sicher schaffen werde. Denn – das ist Prinzip der Kadenz bzw. des Produktes – was ich liefere, muss abgeschlossen sein.

#4 Laufendes priorisieren

Unternehmen, die erfolgreiche Strategie-Aktivierung betreiben, leben ein Prinzip recht stark: das aktive Zuhören in der Organisation und das laufende Priorisieren ihrer Aktivitäten. Die meisten haben z.B. Engagement-Umfragen, Jahresumfragen bei Mitarbeitern, Net Promoter Score (NPS) Ergebnisse, Führungskräfte-Panels, Change-Agents und vieles mehr, die hervorragende Quellen sind, um herauszufinden, wo eigentlich genau der Schuh drückt (siehe hierzu auch das Kapitel ➔ Messen in diesem Playbook). Diese Quellen zu nutzen, sie zu verstehen und daraus die Aktivitäten abzuleiten, die notwendig sind, um eine Strategie zu aktivieren, ist die hohe Kunst der Strategie-Aktivierung. Denn die meisten Unternehmen, die wir erlebt haben, kommen aus einer Welt des Managen von Initiativen von Anfang bis Ende. Laufendes Priorisieren steht dem ein wenig gegenüber, indem man Initiativen eigentlich ständig Infrage stellt – und nur mit dem weitergeht, was wirklich sichtbare Ergebnisse liefert. Und man muss den Mut haben, all das einzustellen, was nicht funktioniert.

#5 Retrospektiven

Das, was Peter Senge in der Fünften Disziplin als Idealbild einer lernenden Organisation beschreibt, versucht, die agile Welt durch sogenannte Retrospektiven zu adressieren: Das systematische Reflektieren der vergangenen Iterationen oder Sprints und anschliessend – das ist genau der entscheidende Punkt – das direkte Anwenden des Erlernten in der nun folgenden Iteration. Denn damit schafft man eine Spirale des Lernens und Besserwerdens als inhärenten und ständigen Teil des Prozesses. Wir nutzen Mechanismen der Retrospektive vor allem dafür, Mechanismen zu etablieren, die die Wirksamkeit von Aktivierungsaktivitäten ständig hinterfragt. Schaffen sie genau das, was man erreichen will? Wenn ja, können wir sie global skalieren? Wenn nein, warum nicht und wie können wir daraus lernen für andere Aktivitäten? Dadurch, dass Retrospektiven und damit Lernen ständig passiert und v.a. direkt angewendet wird, erleben wir bei Organisationen, die Strategie-Aktivierung betreiben, dass ihre Aktivierungsaktivitäten extrem effektiv sind. Sie haben Abstand genommen von grossen Change-Programmen, die am Reissbrett entworfen und in Wellen durch die Organisation getrieben werden. Vielmehr starten sie mit Hypothesen für Aktivitäten, lernen, verbessern, lernen, verbessern – und adressieren damit fast passgenau die Probleme oder Beschleuniger, die einer Strategie die volle Wirksamkeit verleihen.

#6 Funktionsübergreifende Teams

Eines der stärksten agilen Mechanismen in der Strategie-Aktivierung ist das Zusammenstellen funktionsübergreifender Teams. Die Idee kennen wir bereits seit vielen Jahren aus dem Kaizen: Man holt genau die Menschen in den Raum, die für die Lösung eines Prozesses entlang der gesamten Prozesskette wichtig sind. In der agilen Welt ist es ganz ähnlich: Man schaut sich an, welche Probleme man lösen möchte, und macht dies nicht mit funktionalen Teams, sondern mit den Menschen, die für die Problemlösung Sinn haben. Wir nutzen diesen Mechanismus oft beim Aufstellen der Teams, die eine Strategie-Aktivierung selbst managen, d.h., wir stellen Teams zusammen aus Strategie, Business, HR, Kommunikation, Operations, manchmal sogar Legal. Oftmals ist das fast ein Abbild der exekutiven Geschäftsleitung. Der Vorteil davon ist, man hat alle Themen- und Entscheidungsträger in einem Team beisammen. Denn

Strategie-Aktivierung ist in der Regel keiner Abteilung wie Strategie, HR, Vertrieb einzeln zuweisbar. Da sich die Strategie-Aktivierung an die gesamte Organisation wendet, sind die Aktivierungsaktivitäten in der Regel in höchstem Masse übergreifend, wenn das Team, das diese Aktivitäten koordiniert, bereits diese Struktur abbildet.

#7 Entscheidungsgewalt im Team

Die Herausforderung von funktionsübergreifenden Teams ist, dass in der „klassischen" Hierarchie alle Mitglieder des Teams bei wichtigen Entscheiden den Segen des Executives benötigen – was das Managen von Aktivierungsaktivitäten fast unmöglich macht. Und auch hier hält die agile Welt ein Prinzip bereit: Entscheide sollten dort gefällt werden, wo sie auftreten. Das setzt voraus, dass Führungskräfte das viel zitierte „Empowerment" wirklich auf die Teams übertragen und ihnen freien Raum lassen, Entscheide selbst zu fällen. In Unternehmen, in denen dies gelebt wird, entstehen starke und schnelle Resultate – in den Umfeldern, wo Politik und Entscheidungsgerangel im Weg steht, haben es Aktivierungsaktivitäten eher schwer.

#8 Transparenz & Sichtbarkeit

Dieses Prinzip nutzen wir vor allem in den Teams, welche die Strategie-Aktivierungen koordinieren. Ob ein einfaches sogenanntes Kanban-Board (d.h. die Übersicht aller Aktivitäten und Arbeitspakete) oder eher systematische Tools wie Objectives & Key Results (OKR) – entscheidend ist eigentlich nur, dass alle im Team sehr genau wissen, was passiert. Das sollte aber nicht bedeuten, dass alle in alles involviert sind. Im Gegenteil – die Verantwortung für Arbeitspakete kann und sollte durchaus bei Einzelnen oder in kleinen Teams bleiben. Doch das Aufzeigen von allem, was gerade passiert, und bestenfalls sogar das gemeinsame Planen hilft, Abhängigkeiten und Zusammenhänge schnell zu erfassen und auch die kreative Kraft der Gruppe bestmöglich zu nutzen.

#9 Der „Kunde“ als Teil vom Team

Dies ist wieder ein Prinzip, das wir oft bei der Umsetzung von Aktivierungsaktivitäten sehen: Das Einbeziehen derer, die ein „Produkt“ direkt betrifft. In unserer Arbeit vor allem in grossen Konzernen haben wir oft erlebt, dass z.B. HR- oder IT-Abteilungen Tools oder Trainings völlig am Anwender vorbei anbieten. Aus Sicht der Abteilung, die das anbietet, mag dies Sinn haben, aus Sicht derer, die direkt in der Organisation arbeiten oder den direkten Kundenkontakt haben, jedoch nicht. Um das von Beginn an zu vermeiden, beziehen manche Unternehmen ganz bewusst die Kunden (egal ob dies interne Abteilungen sind oder wirklich Kunden draussen am Markt) direkt in die Produkt-, Service-, Tool-Entwicklung mit ein – als ganz normales Mitglied des Teams (siehe hierzu auch das Beispiel ➔ Microsoft: Die Relevanz einer neuen Ära mitgestalten – Microsofts strategischen Kern weltweit aktivieren oder Swiss Re: Aktivierung der globalen HR-Funktion, um den Fokus hin zu mehr Agilität zu unterstützen in diesem Playbook). Die Schlagkraft der Unterstützung in der eigentlichen Aktivierung wird damit um ein Vielfaches höher.

#10 Nudging

Die Forschungen der Verhaltensökonomie haben in den vergangenen Jahren spannende Erkenntnisse hervorgebracht, wie sich grosse Menschenmassen durch einfachste „Stupser“ zu radikalen Verhaltensveränderungen animieren lassen. Die sogenannte Nudge Theory und die Arbeiten rund um den Verhaltensökonom Richard Thaler fassen dessen Ideen am besten zusammen. Das Spannende: Nudges verändern das Verhalten, ohne dabei Dinge zu verbieten oder zu gebieten bzw. gar ökonomische Anreize zu verändern. In seinen Grundzügen wird beim Nudging das ideale Verhalten zunächst einmal definiert, der sogenannte „Default“. Diesen Default versucht man, durch „Anstupsen“ dann nicht vorzugeben, sondern durch das Verhalten derer, die den Default erreichen sollen, selbst auszulösen. Beispiele hierfür sind Kästchen zum Ankreuzen auf Formularen – anstelle sie leer zu lassen, sind sie bereits vorangekreuzt, d.h., man muss sie aktiv abwählen. Was dazu führt, den Default deutlich häufiger zu erreichen, als wenn man das Kreuzchen aktiv setzen muss. Oder wenn das Bezahlen einer Rechnung von Krankenkassen sehr lange dauert, gibt es Studien, dass bereits ein einfacher Klebezettel auf der Rechnung „wenn Sie binnen 7 Tagen überweisen, helfen Sie einer dreiköpfigen Familie aus finanziellen Schwierigkeiten, die diesen Betrag aus eigener Tasche auslegen musste" bewirkt, dass Rechnungen nicht erst in 40, sondern im Schnitt 10 Tagen beglichen waren.

Nudging hat sich bis heute aus der Verhaltensökonomie vor allem ins Verkaufsmarketing weiterentwickelt – für das Verändern von Verhalten in Organisationen bietet die Theorie hervorragende Möglichkeiten, Verhalten gesamthaft und ohne grossen Aufwand zu verändern.

#11 Digitale Zusammenarbeit

Für globale Konzerne ist es sicherlich bereits Alltag, für einige Unternehmen erst seit COVID-19 so richtig sichtbar geworden: Nicht immer ist die Zusammenarbeit „face to face" in einem Raum möglich oder gar sinnvoll. Workshopformate, kollaborative Formate, das Präsentieren von Informationen, gemeinsames oder das Lernen als Einzelner – all das lässt sich heute mit (teilweise kostenfreien) digitalen Tools umsetzen. In globalen Kontexten sowieso, und wenn eine Zusammenarbeit im Büro nicht möglich ist, inzwischen auch. Dies gilt sogar für Mitarbeitende in der Produktion – hier ist dann wichtig, die Infrastruktur bereitzustellen. Das digitale Zusammenarbeiten unterliegt anderen Dynamiken als das gemeinsame Erarbeiten von Themen in einem Raum. Glaveski (vgl. hierzu auch Glaveski 2020 „The five levels of remote work – and why you're probably at level 2.") beschreibt in seinem Beitrag zu den fünf Ebenen des virtuellen Zusammenarbeitens, dass das „Kopieren" der Situation im Büro in ein virtualisiertes Setup allenfalls der zweiten von fünf Ebenen entspricht – denn man kopiert auch alle Ineffizienzen, ohne die Vorteile der digitalen Welt zu nutzen. Über das blosse Kopieren hinaus soll man sich vielmehr an digitale Formate der Zusammenarbeit anpassen (z.B. das gemeinsame Arbeiten in Dokumenten, das Arbeiten mit Kollaborations-Tools). Noch weiter gehen die Teams, die es schaffen vollständig asynchron zu arbeiten, d.h. eine Kultur zu etablieren, die sich über gemeinsame Ziele, Arbeitsprinzipien und Resultate definiert – ansonsten arbeiten die Teammitglieder eigenständig (vgl. hierzu auch Choudhury 2020 „Our work-from-anywhere future"). Das Nirvana, so Glaveski, sind dann Teams, die ohne Büro sogar besser miteinander zusammenarbeiten – auch Choudhury zeigt in seinen Studien auf, dass diese Setups durchaus möglich sind.

Warum beschreiben wir diese Ebenen? Weil wir aufzeigen möchten, dass digitale Setups durchaus Vorteile in der Zusammenarbeit mit sich bringen, wenn man sie richtig nutzt und nicht einfach nur den Büro-Setup kopiert. Dies gilt nicht nur für globale Konzerne, die diese Art der Zusammenarbeit gewöhnt sind, sondern auch für Unternehmen, die wegen COVID-19 oder anderen Pandemien plötzlich gezwungen sind, neue Wege der Zusammenarbeit zu finden oder für Unternehmen, die strategisch ihren CO2-Fussabdruck reduzieren und so ein Zusammenarbeiten im Raum mittelfristig nicht mehr stattfindet. Digitale Mechanismen sind heute technisch derart ausgereift, dass man keinerlei Kompromisse bei Ergebnissen oder der Aktivierung mehr machen muss (siehe hierzu auch ➔ Accelleration Plattformen im Kapitel Digitale Tools und Plattformen für die Strategie-Aktivierung.

Woran erkennst du, dass du auf der richtigen Spur bist? Dauerhaft **laufen lassen**

Wenn du merkst, du kannst dich auf deine Kollegen verlassen bei der Strategie-Aktivierung, dann...

- suchst du nicht mehr die Schuldigen, sondern mit deinem Team nach Lösungen.
- klopfst du deinem Team auf die Schulter, weil nur der (missglückte) Versuch euch zu diesem völlig unerwarteten, aber genialem Ergebnis geführt hat.
- siehst du Entscheidungen nicht mehr schwarz oder weiß, sondern viele Optionen.
- freust du dich neue Ideen sofort auszuprobieren und besser zu machen, als damit monatelang zu warten.
- arbeitest du mit deinem Team nicht mehr in Silos und Insellösungen, sondern teilst neue Erkenntnisse so früh wie möglich und weist auf einmal was deine Organisation schon alles weiß.
- kannst du kaum das nächste „Ja, aber..." abwarten, weil dir auch diese geteilte Erfahrung helfen wird, besser zu werden.

Messen

Das letzte, aber nicht unwichtigste Kapitel der Strategie-Aktivierung ist das Sicht- und vor allem Messbarbarmachen des Erfolgs. Und während das Messen der Kraft der Aktivierung einerseits wichtig ist, um die Durchschlagskraft zu zeigen, so ist es andererseits nicht einfach, den direkten Bezug zum Strategieerfolg herzustellen. Grundsätzlich lässt sich Strategie-Aktivierung von zwei Perspektiven ausmessen: in Bezug auf die Aktivierung und in Bezug auf die Strategie.

Entscheidend bei diesen Messpunkten ist nun, dass sie nicht mit dem Erfolg oder Misserfolg einer Strategie verwechselt werden.

Strategie-Aktivierung in Zahlen fassen

Die wohl einfachste Messung der Strategie-Aktivierung sind Kennzahlen zu den Aktivierungsaktivitäten: Wie viel Prozent der Mitarbeitenden global haben etwas erarbeitet? Wie viele Teams haben eine neue Methode angewandt? Wie sind die Ergebnisse der Region Südamerika gegenüber denen in Asien? Oft liegen Umfrageergebnisse für die Aktivitäten vor oder lassen sich recht einfach erheben bzw. nachvollziehen.

Entscheidend bei diesen Messpunkten ist nun, dass sie nicht mit dem Erfolg oder Misserfolg einer Strategie verwechselt werden. Denn die Aussagen, die sie treffen, beziehen sich ausschließlich auf die Aktivitäten selbst. Wir haben oft erlebt, dass Kommunikationsabteilungen die Anzahl derer, die eine Kommunikation gesehen oder gelesen haben, als Erfolg des Inhaltes interpretieren – dies ist natürlich ein Trugschluss. Um vielmehr zu zeigen, dass Strategie-Aktivierung funktioniert, muss man andere Fragen beantworten: Wie viel schneller haben wir unsere Produkte auf dem Markt platziert? Wie viel Kundenloyalität haben wir in wie viel Umsatz ummünzen können? Zu wie viel Kostenreduktion haben höhere Automationsraten in einem Jahr geführt – alles mithilfe der Strategie-Aktivierung? Und hier ist die Messung ungleich schwieriger, denn die Kausalität ist in der Regel nicht direkt nachvollziehbar.

Wenn wir in Organisationen Strategie-Aktivierungen messen, dann schauen wir uns vier Dimensionen an:

1. Identifikation:
Können sie sich mit der Strategie und den dahinterstehenden Zielen identifizieren?

2. Empowerment:
Fühlen sich die Menschen mit ihren Stärken so eingesetzt, dass sie ihre Stärken zur Strategieerreichung einsetzen können?

3. Impact: Merken die Menschen, dass sie durch ihre Arbeit mit Blick auf die Strategieerreichung einen spürbaren Unterschied machen?

4. Kollaboration: Wie beurteilen sie die Zusammenarbeit im Team und über Abteilungen hinweg im kollektiven Kraftakt der Strategieumsetzung?

Mit diesen vier Sichtweisen stellen wir sicher, dass die Grundidee der Aktivierung erreicht wird – insbesondere wenn wir nach Empowerment und Impact fragen. Nicht immer ist es möglich, einen eigenen Fragebogen in der gesamten Organisation zu lancieren – entsprechend nutzen viele Unternehmen die Möglichkeit, den Erfolg der Aktivierung über bestehende Umfragen zu erheben (in der Regel als separate Fragen).

Messen der indirekten Kausalität

Was unsere Erfahrung gleichwohl zeigt, ist, ebendiesen Dialog der indirekten Kausalität zu führen – vor allem, wenn historische Daten vorliegen (vor der Arbeit mit Strategie-Aktivierung versus die Zeit danach). Oftmals lässt sich nämlich zumindest ein nachvollziehbarer Bezug herstellen und damit zeigen, wie Strategie-Aktivierung auf die Erreichung der strategischen (in der Regel Finanz-) Kennzahlen beiträgt. Der Beitrag von ➔ Microsoft: Die Relevanz einer neuen Ära mitgestalten – Microsofts strategischen Kern weltweit aktivieren wurde so u.a. als Case Study an der London Business School bearbeitet – eben weil sich ein quantifizierbarer Bezug zum Geschäftserfolg darstellen ließ.

Der Vorteil des Nutzens von Online-Tools für die Aktivierung liefert heute ungemein vielfältige Daten. Auch erleben wir in Organisationen, dass sich viele Datenpunkte (sogar bis hin z.B. zum Nachvollziehen einer verstärkten Zusammenarbeit) durchaus erheben lassen bzw. längst erhoben werden. Es scheitert am ehesten am Wissen, dass diese Daten vorliegen bzw. nutzbar gemacht werden könnten. Unsere Erfahrung zeigt, dass das Mitdenken von Messbarkeit von Beginn an durchaus hilft, immer wieder den enormen Wertbeitrag der Strategie-Aktivierung quantitativ aufzuzeigen – eine „Währung" die v.a. für die Finanz- und Strategieabteilungen in Unternehmen teilweise die einzig akzeptierte ist.

Woran erkennst du, dass du auf der richtigen Spur bist?

Messen

Wenn du bei der Strategie-Aktivierung das Richtige misst, dann ...

- versuchst du nicht mehr, die maximale Performance aus jedem Einzelnen „herauszuquetschen“, sondern fragst dich: An welchen Faktoren kann ich messen, ob wir ein Umfeld bieten, in dem sich alle maximal einbringen können und wollen?
- stellst du dir die Frage: Woran kann ich erkennen, dass die, die wollen, auch können und bestmöglich befähigt werden (Empowerment), es auch zu tun?
- begibst du dich auf die Suche nach Indikatoren, die zeigen, dass die Zusammenarbeit (Collaboration) sowohl auf Teamebene als auch zwischen Bereichen aktiv gelebt wird.
- überlegst du dir, wie man eigentlich den persönlichen Bezug und das Commitment (Identification) mit den gemeinsamen Zielen verbessern kann und diese Verbesserung auch messbar macht.
- konzentrierst du dich auf die Messbarkeit der Faktoren und Verhaltensweisen, die aus der Perspektive der Mitarbeitenden verdeutlichen, dass sie mit ihrem Einsatz und ihrer Arbeit jeden Tag zum Gesamterfolg beitragen und damit Selbstwirksamkeit erleben (Impact).

Abbildung 37: Sinn und Bedeutung bei der Arbeit. Ausschnitt aus einem Big Picture zum Thema Meaning@Work, TATIN Institute 2022

STRATEGIE-AKTIVIERUNG IN GROSSUNTERNEHMEN

VORDENKER EINER NEUEN GENERATION

Strategie-Aktivierung in Grossunternehmen
Vordenker einer neuen Generation

Die Ideen der Strategie-Aktivierung wird in Unternehmen in beeindruckender Weise angewendet – die folgenden Beispiele zeigen auf, wie sich Strategien flächendeckend mit mehreren Tausend Mitarbeitenden motivierend und einbeziehend zum Leben erwecken lassen. Baloise, Microsoft oder Swisscom nutzen dabei verschiedene Mechanismen aus dem Canvas und stellen diese auch unterschiedlich zusammen – allen jedoch gemein ist, dass sie den Menschen, konkret jeden einzelnen Mitarbeitenden, ins Zentrum der Aktivierung rücken. Die Beispiele sollen zeigen, dass Aktivierung mit mehreren Tausend Mitarbeitenden möglich ist und damit inspirierend für deine eigene Strategiearbeit.

Baloise Group:

Emotionen, Menschen und Netzwerke - nicht Prozess und Hierachien.

Von Beat Knechtli

Bestehende Muster brechen – Baloise Group im Wandel

Die „Basler Versicherungs-Gesellschaft gegen Feuerschaden" wurde bereits 1863 gegründet. Heute ist sie bekannt als „Baloise Group" und unter dem Dach der Baloise Holding AG in vier Ländern tätig. Zur Zeit ihrer grössten geografischen Ausbreitung, um 1938, war sie in 51 Ländern weltweit vertreten. Die Baloise kann somit auf ein sehr bewegtes Leben zurückblicken. Trotz ihrer Geschichte sowie der sich verändernden Kundenbedürfnisse gibt es allerdings ein Prinzip, welchem die Baloise über alle Zeiten hinweg treu bleibt: dem Prinzip der Sicherheit. Obschon finanziell erfolgreich und unabhängig, begannen wir im Jahr 2014 den Prozess der Überlegungen zur strategischen Ausrichtung der Baloise Group ab 2016. Mit der damals laufenden Strategiephase „GRIP" (Growth and Return Improvement Program, Zeithorizont 2011 bis 2016) verfolgte die Organisation eine Konsolidierungs- und Prozessoptimierungsstrategie zur Erhöhung der Ertragskraft in den bestehenden Geschäftsfeldern und damit der Verbesserung der Attraktivität für Investoren. Als Folge erhöhte Baloise die Ertragsstärke in diesem Zeitraum, schrumpfte aber bezüglich der Anzahl Kunden.

Aufgrund der Entwicklungen an den Finanzmärkten und dem zunehmenden Druck von neuen Konkurrenten am Markt («Fintech Startups») begannen wir bereits im Jahr 2014 die Suche nach der nächsten strategischen Ausrichtung ab 2016. Dabei wurde über mehrere Iterationen klar, dass eine Weiterführung der bisherigen strategischen Ausrichtung mit minimalen Anpassungen nicht mehr infrage kam. Differenzierung in der Kundenwahrnehmung war gefordert, um wieder wachsen zu können. Der Weg dorthin, das war damals die gemeinsame Überzeugung, konnte nur über mehr Innovation und die Erweiterung der bisherigen Kerngeschäftsfelder der Baloise über das traditionelle Versicherungsgeschäft hinaus erfolgen. Mit der finanziellen Unabhängigkeit, welche die Baloise Gruppe 2014 erreicht hatte, hatten wir uns zudem das Recht erarbeitet, einen strategischen Shift in Richtung Wachstum zu machen und damit vermehrt ins Risiko zu gehen.

Im Kern der neuen Strategie «Simply Safe» liegt der Fokus zentral auf den Kunden und dem Kundenerlebnis. Es geht nicht mehr nur darum, mögliche Risiken abzudecken und im Schadensfall zu begleichen, sondern die weiter reichenden Bedürfnisse der Kunden im sich wandelnden gesellschaftlichen Umfeld zu adressieren. Mit dem klaren Fokus auf Kunden und drei einfachen und ambitionierten Zielen in den Bereichen Mitarbeitende, Kunden und Aktionäre starteten wir dann ab 2016 die Reise zu künftigem Wachstum. Das war ein erster und bedeutender Bruch mit der Tradition umfassender zahlenfokussierter Strategie- und Businesspläne, die bis dahin in der Baloise die Norm waren.

Die 3 Ziele im Überblick

Mitarbeiterziel: Top 10 % Arbeitgeber im Sektor

Die Mitarbeitenden sind der Schlüssel für die Umsetzung der neuen strategischen Ausrichtung. Die Baloise will deshalb bezüglich Arbeitgeberattraktivität eine führende Position in der Branche im europäischen Vergleich einnehmen. Gemessen wird die Entwicklung durch einen Leistungsindikator, der angibt, wie häufig die Baloise als Arbeitgeberin weiterempfohlen wird.

Kundenziel: 1 Million zusätzliche Kunden

Die Baloise wird zur ersten Wahl für die Menschen, die sich einfach sicher fühlen wollen. Durch einen noch stärkeren Fokus auf die Kundenbedürfnisse, massgeschneiderte Omnikanal-Kommunikation sowie innovative Produkte und Dienstleistungen in den Bereichen Versicherung, Assistance und Vorsorge gewinnt die Baloise bis 2021 eine Million zusätzliche Kunden. Dies entspricht einer Steigerung um 30 % gegenüber 2016.

Aktionärs-/Investorenziel: 2 Milliarden CHF Barmitteleinfluss an die Holding

Dank der nachhaltig verbesserten Ertragskraft aus dem Leben- und Bankengeschäft sowie neuer innovativer Produkte und Dienstleistungen beabsichtigt die Baloise, bis 2021 insgesamt 2 Milliarden CHF Barmittel in die Holding zu leiten. Die Aktionäre profitieren davon unmittelbar durch die konsequente Weiterverfolgung der attraktiven Dividendenpolitik und mittelbar durch gezielte Investitionen in neue strategische Projekte, die zusätzliche Erträge aus bestehenden und neuen Geschäftsfeldern generieren.

Neue Muster entwickeln – Baloise Strategie in Form einer Story in 6 Kapiteln

Wer jetzt nur noch wenig Zahlen bieten kann, muss sich Gedanken dazu machen, wie ich die Menschen in der Organisation dazu bewegen kann, zuzuhören und mitzumachen. Eine Strategie, die auf dem Papier schön tönt und auch im Top-Management Sinn macht, die aber nicht gleichzeitig die Emotionen der Kunden und aller Menschen im Unternehmen anspricht und uns damit unverwechselbar macht, ist reine Zeit- und Geldverschwendung. Aus diesem Grundsatz heraus fanden wir im „Storytelling" einen Ansatz, der uns half, in die Umsetzung zu gehen.

Abbildung 38: Strategie-Story in sechs Kapiteln, Baloise Group 2022

In Zusammenarbeit mit „TheStorytellers" aus London entwickelten wir 2015 eine Geschichte, die gleichermassen Botschaften nach innen und aussen in sich trägt. Geschichten sind kultur- und generationsübergreifend nutzbar, sie berühren emotional und unterstützen Menschen dabei, abstrakte Strategien besser zu verstehen. Sie sind Trigger für eigene Geschichten und machen ein Unternehmen einzigartig. Darüber hinaus sind sie glaubwürdig und schaffen Raum für die Umsetzung, die nicht mehr im Micro-Management vorgegeben wird. Sie haben eine lange Lebensdauer und sind über Zeit adaptierbar. Last but not least ist Storytelling auch eine Technik, die man lernen und weitergeben kann.

Die Dramaturgie der Baloise Simply Safe Story ist dabei bewusst entlang einer emotionalen Kurve mit Höhen und Tiefen designt. Die Story diente als Basis einer ersten Mobilisierung aller Mitarbeitenden und sie bekam auch eine Persona – eine Frau namens „Sarah" – als Kundengesicht. Alles, was in Zukunft die Kundensicht mit einbringen sollte, bekam so einen Bezug und blieb weniger abstrakt. Sowohl die Wahl einer Frau als Verkörperung des Kunden als auch das Nutzen einer Story irritierte und machte aber auch auf sich aufmerksam. Diese Neugier war der gewünschte Effekt, auf dessen Basis der nächste Schritt eingeleitet werden konnte. Die Frage, die sich jetzt neu stellte, war: Wie bekommen wir die Geschichte und Strategie im Unternehmen verteilt und nachhaltig verankert?

Bestehende Muster erkennen – Social Network Analysis zur Mobilisierung der Mitarbeiter

Traditionellerweise werden Strategien top-down kommuniziert. Sie sind der ganze Stolz des Top-Managements, welches in den meisten Unternehmen auch heute noch das exklusive Recht auf deren Entwicklung und Verteilung beanspruchen. Gleichzeitig wissen wir, dass die informelle Struktur in Organisationen häufig einen Graben zwischen „oben" und „unten" aufweist und nur wenig Durchlässigkeit vorhanden ist.

Abbildung 39: Netzwerkanalyse Mitarbeiter, Baloise Group 2022

Nachdem wir in der Baloise schon bei der Strategie- und Story-Entwicklung eine grössere Gruppe von Mitarbeitenden aus verschiedenen Führungsstufen und in einigen Iterationen beteiligt hatten, standen wir nun vor der Herausforderung, einen Ansatz zu finden, unsere Geschichte und die 3 überaus ambitionierten Unternehmensziele der Baloise in die Herzen und Köpfe unserer Mitarbeiter zu tragen.

Als Teil meiner über 30-jährigen Berufserfahrung hatte ich schon zuvor bei einigen Organisationen mit Erfolg eine „Soziale Netzwerkanalyse", kurz SNA genannt, eingesetzt. Bei der sozialen Netzwerkanalyse handelt es sich um ein quantitatives Verfahren zur Erfassung und Analyse relationaler Daten. Eine SNA hilft uns, die informelle Organisation zu verstehen. Sie beschreibt das soziale Netzwerk im Unternehmen – definiert als ein Set von Individuen (Teams, Abteilungen oder Organisationen), die durch Beziehungen (beispielsweise Kommunikation, Wissenstransfer, Zusammenarbeit oder Vertrauen) miteinander verbunden sind. In der Wissenschaft wird die soziale Netzwerkanalyse bereits seit über 80 Jahren erfolgreich eingesetzt – es ist also nicht etwas Neues, aber für viele Organisationen unbekannt.

Die SNA hilft mir, die wirkliche Organisation als Netzwerk zu verstehen und die Knoten darin zu identifizieren. Die Knoten sind die Einflusspersonen, die mir nun helfen können, Unterstützung und Widerstand zu thematisieren und zu bearbeiten. Mithilfe einer flächendeckenden Mitarbeiterumfrage 2016 zum Thema „Vertrauen" und „Vorbild" konnten wir so rund 250 Personen aus den über 7000 Mitarbeitenden identifizieren, die von ihren Kolleginnen und Kollegen als „einflussreich" eingestuft worden waren. Sie kommen dabei aus allen Ebenen der Organisation, selten bis nie ist übrigens das Top-Management dabei.

In der Folge haben wir mit den identifizierten Personen, die sich übrigens vorab noch einverstanden erklären mussten, mitzumachen, die Strategie und Story gemeinsam mit dem Top-Management durchgearbeitet und Widerstand und Kritik aufgenommen und bearbeitet. Die Personen heissen in der Baloise „Sparks", also Zündfunken, und sie sind generell legitimiert, eigene Mittel und Wege zu finden, ihre Kolleginnen und Kollegen zu animieren, sich mit Strategie und Story zu beschäftigen. Somit arbeiten wir sowohl top-down als auch bottom-up gleichzeitig. Das resultiert in beschleunigter Verbreitung („viral") und offeneren Dialogen. Beides ist gewünscht und notwendig, um den beabsichtigten Wandel voranzubringen. Dabei ist es auch völlig unerheblich, woher die Leute kommen. Kultur und Veränderung sind viel zu wichtig, um sie nur HR oder dem Management zur Bearbeitung zu überlassen.

Auf Basis der Zahlen des Employee Engagement Survey, den wir ab 2016 eingeführt haben, um neben der Arbeitgeberattraktivität auch die Verbreitung der Strategie zu messen, waren bereits 2017 knapp 90 % der Mitarbeitenden gruppenweit der Ansicht, dass eine klare strategische Ausrichtung vorhanden ist und dass ein Dialog zur Strategie mit Ihnen stattgefunden hatte. Wir hatten somit bezüglich Verbreitung und Dialog zur Strategie den Tipping-Point sicherlich erreicht. Jetzt war aber handeln notwendig, um die Ideen in Taten umzusetzen.

Neue Muster etablieren – Spielen, um zu wachsen und mit weiteren Mustern zu brechen

Mitarbeiter von Finanzdienstleistern im Allgemeinen und von Banken und Versicherungen im Speziellen sind sehr risikoavers. So gut dieses Verhalten bezüglich der Dienstleistungen gegenüber Kunden sein mag – für die strategische Neuausrichtung der Baloise in Richtung überproportionales Wachstum und Innovation ist dieses Verhalten sehr hinderlich. Deshalb ging es in einem nächsten Schritt darum, den Mut, mehr ins Risiko zu gehen, zu aktivieren. Dabei liegen Angst, Fehler zu machen, und die Hoffnung, erfolgreich zu sein und sichtbar zu werden, eng beieinander. Das bewog uns in der Baloise dazu, auf die Kraft des Spielens zurückzugreifen.

Spielen ist etwas, das Menschen in ihrem Leben immer wieder machen. Es schafft Erfahrungen, Emotionen und Erinnerungen, die sich einprägen. Genau eine derartige Erfahrung wollten wir bei den Mitarbeitenden schaffen – und zwar eine, welche kompatibel mit der Strategie und Story der Baloise ist. In Zusammenarbeit und unter dem Lead der Kommunikationsabteilung der Baloise entstand so „Sarah's Vision", ein kollaboratives Brettspiel. Im Jahr 2018, also gut bei Halbzeit der Strategiephase „Simply Safe", war erst rund ein Drittel der Zielerreichung realisiert. Dies führte uns dazu, mit einer Grossgruppenveranstaltung, dem „Impact Event", einzugreifen. Ziel des Events war, den Mitarbeitenden aus allen Stufen zu spiegeln, wo wir stehen und dass wir weiter beschleunigen müssen, um die Ziele erreichen zu können.

Abbildung 40: Impact Event, Baloise Group 2022

Der Impact Event war entlang von 5 Themenfeldern organisiert, die im Vorfeld als „Blockaden" für die Strategieumsetzung identifiziert worden waren. Mit rund 500 Teilnehmern aus allen Ländern sind wir an diesem Tag in 21 Gruppen auf die Suche nach Ideen gegangen, wie wir die Umsetzung beschleunigen und die Resultate verbessern können. In der Summe sammelten wir 63 Ideen, denen wir dann noch eine 64. Idee – unser Brettspiel – hinzufügten und ab Januar 2019 in die Umsetzung gingen.

Abbildung 41: Strategie-Spiel „Sarah's Vision", Baloise Group 2022

Sarah's Vision ist ein Spiel, welches nur im Team gewonnen werden kann und welches über verschiedene Spielstufen verfügt. Die Spielsituationen in den Organisationsteilen wurden von rund 100 Moderatoren begleitet, die wir eigens dafür ausgebildet haben. Sie hatten sich auf einen Aufruf im Intranet freiwillig gemeldet, um einen Beitrag zur Strategieumsetzung leisten zu können.

So konnten wir bis Mitte 2019 rund 4000 Mitarbeitende zum Spielen und Lernen motivieren, um gleichzeitig nochmals die strategischen Kernbotschaften zu wiederholen und zur persönlichen Umsetzung einzuladen. Damit erreichten wir wiederum mehr als die Hälfte aller Mitarbeitenden der Baloise und konnten ein weiteres Netzwerk von 100 Strategie-Ambassadoren aufbauen.

In der Folge trug uns dieses Vorgehen neben einigen Preisen für das Spiel und die Kommunikationskampagne „#ourfuture" eine sichtbare Steigerung der Wachstumszahlen der Baloise und eine Annäherung an unsere 2016 formulierten Ziele ein. Per Oktober 2020 hatten wir das Mitarbeiterziel 2021 bereits erreicht (wir fungieren im Benchmark von Korn Ferry in den Top 8 % der Arbeitgeber und 86 % unserer Mitarbeiter empfehlen Baloise als Arbeitgeber, Rücklaufquote 81 %).

Wir haben mehr als 635.000 Neukunden aus organischem Wachstum gewinnen können. Hinzu kommen nochmals 500.000 Kunden über Akquisitionen. Wir haben rund 1,3 Milliarden CHF Barmittel in die Holding führen und damit die Dividende um rund 23 % erhöhen können. Der Total Shareholder Return liegt bei 34 % (gegenüber 21 % im Benchmark mit dem European Insurer Index SIXP).

Muster weiterentwickeln – Simply Safe Season 2

Gelerntes weiterentwickeln und immer neue Impulse setzen

Es ist uns somit bis Ende 2020 gelungen, die anvisierten Ziele bereits erreicht zu haben oder aber nur noch knapp vor deren Realisierung zu sein. Das heisst aber leider auch: Nach dem Spiel ist vor dem Spiel. Konkret sind wir nun schon wieder seit 2019 daran, die nächste strategische Phase, genannt Simply Safe Season 2, zu entwickeln und die korrespondierenden Massnahmen auszurollen.

Ende Oktober 2020 sind wir mit der Baloise Week, einer ganzen Woche, welche vollständig und exklusiv dem Launch der nächsten strategischen Phase ab 2022 (Dauer bis 2025) und der Veröffentlichung der neuen Story Season 2 gewidmet war, nach aussen getreten. Wir haben Mitarbeitende und Investoren in dieser Woche darüber informiert, wo wir stehen und welches die Pläne für die nächsten Jahre sind. Aufgrund der Umstände (Corona) mussten wir den ursprünglich bereits für März 2020 geplanten Anlass auf Oktober 2020 verschieben und auch gleich noch digital gestalten, da eine Präsenzveranstaltung auf Basis der gesetzlichen Vorgaben in der Pandemie nicht infrage kam. Die Veranstaltung stiess bei Mitarbeitenden und Investoren auf sehr grosses Interesse. Wir konnten über 80 % aller Mitarbeitenden der Baloise Group in dieser Woche direkt erreichen. Parallel dazu war auch die Resonanz auf den Investoren-Tag sehr hoch.

Gert de Winter, der Baloise Group CEO, formulierte es folgendermassen: «Ich bin sehr stolz auf das bisher Geleistete. Seit Start unseres Strategieprogramms ‹Simply Safe› ist die Baloise den Ansprüchen ihrer wichtigsten Anspruchsgruppen gerecht geworden. Die Baloise hat zudem intern das Bewusstsein für die Themen Kundenfokus, Innovation, digitaler Wandel und kulturelle Transformation geschärft und innerhalb der europäischen Assekuranz Massstäbe gesetzt.»

Abbildung 42:
CEO in einem virtuellen
Event, Baloise Group 2022

Mit der nächsten strategischen Phase – ‹Simply Safe: Season 2› – wird Baloise den erfolgreich eingeschlagenen Pfad weitergehen und sich noch stärker auf den Dreiklang ihres Erfolgs ‹Mitarbeitende›, ‹Kunden›, ‹Investoren› konzentrieren. So wird es in diesen drei Dimensionen neue, ambitionierte Ziele geben. Neben dem starken Kerngeschäft wird Innovation in Season 2 eine entscheidende Rolle spielen, um diese Ziele zu erreichen. Die Innovationsinitiativen werden neben Versicherung und Asset Management & Banking zu einem tragenden Pfeiler, der mit einer Zielbewertung von 1 Mrd. CHF bis 2025 substanziell zum Geschäft und zur Wertsteigerung der Baloise beitragen soll.

Die neuen Ziele lauten:

- **Mitarbeiter**: Zu den Top 5 % Arbeitgeberinnen in Europa gehören – jetzt neu über alle Industrien hinweg
- **Kunden**: 1.5 Millionen Neukunden in vier Geschäftsjahren gewinnen – eine Reduktion der benötigten Zeit und gleichzeitig eine Erhöhung des Ziels auf einer neuen Basis von 3 Millionen aktiven Kunden
- **Investoren**: 25 % höhere Barmittelgenerierung – wiederum CHF 2 Milliarden, aber in 4 statt in 5 Jahren

Die Reise geht also sehr ambitioniert weiter und wir sind bereits daran, neue und aussergewöhnliche Wege zu entwickeln, um den Erfolg zu unterstützen. Wer das verfolgen möchte, dem stehen sowohl Informationen auf ww.baloise.com als auch auf unserem Baloise-Kanal in YouTube zur Verfügung. Dort finden Sie neben Informationen zur neuen Strategie Simply Safe Season 2 auch Videos zur Baloise Week, zum Investorentag und zum Brettspiel Sarah's Vision.

Microsoft:

Die Relevanz einer neuen Ära mitgestalten – Microsofts strategischen Kern weltweit aktivieren

Von Jean-Philippe Courtois

Microsoft hat sich aufgemacht, eine der komplexesten Transformationen in der Geschichte zu gestalten – nicht nur in der eigenen Firma, sondern gleich in der gesamten Branche. Wir wollen dabei eine führende Rolle übernehmen. Strategie-Aktivierung war von Anfang an ein integraler Bestandteil dieser Transformation – im weltweiten Maßstab. Was hat unsere Reise so erfolgreich gemacht (eine Reise, auf der die Firma immer noch unterwegs ist)?

Der Ausgangspunkt: Die Strategie von Microsoft grundsätzlich neu definieren

Die Transformation bei Microsoft ist gewaltig: von einer Technologiefirma zu einem Dienstleister. Dennoch ist die strategische Zielsetzung präzise: Worin besteht die strategische Relevanz von Microsoft in der neuen Ära des „Cloud first, Handy first"?

Im Prinzip ist die Antwort darauf: eine Serviceplattform für Firmen zu errichten. Das war 2016, und schon damals zeichneten sich erhebliche technologische Veränderungen ab. In den ersten Jahren, als Satya Nadella als neuer CEO zu uns stieß, verwandte er viel Zeit darauf, sämtliche Forschungs- und Entwicklungsprozesse zu überarbeiten, um eine Cloud-First-Organisation zu schaffen. Vom Standpunkt der Produktentwicklung ist das eine gewaltige Herausforderung. Man denke nur an die rund 130.000+ Angestellten, von denen die meisten Ingenieure sind – eine gewaltige Umstrukturierung. Was damals noch unberührt blieb, war der Überbau, soll heißen: die Entwicklung zu einer kunden- oder dienstleistungsorientierten Firma.

Um zu einer serviceorientierten Firma zu werden, mussten wir uns die Frage stellen: Wie greifen wir die neue „Konsumkultur" auf? Historisch betrachtet waren wir eine Firma, die Produkte baute und vermarktete oder Lizenzen vergab (einfach ausgedrückt). Jetzt sollte unsere Aufgabe bei Microsoft sein: Wie können wir für den Erfolg unserer Kunden sorgen? Das Umdenken bestand also darin, unsere Kunden nicht mehr als Konsumenten zu sehen, sondern ihren finanziellen Erfolg sicherzustellen. Ein gewaltiger Unterschied!

Nachdem wir diesem Mantra höchste Priorität eingeräumt hatten, mussten wir unsere DNA komplett neu gestalten, unsere Betriebsabläufe, unsere Rollen, letztlich unser gesamtes Organisationsdesign – und damit ganz prinzipiell die Art und Weise verändern, wie die Leute arbeiteten. Wir mussten die Vorgehensweise unserer Mitarbeitenden neu definieren, ihre Zielsetzungen, neu festlegen, worin ihr Erfolg bestand. Ein Beispiel: Jede Sekunde des Tages wollen wir unsere Kunden in ihrer eigenen Geschäftstätigkeit erfolgreich machen. Das messen wir heute. Wir sehen eine direkte Verbindung zwischen dem Kundenerfolg und unserem Beitrag dazu. Kurz gesagt ging es um Folgendes: Die Frage nach der strategischen Relevanz unserer Firma neu zu stellen (Cloud first, Handy first), eine Antwort zu liefern (dienstleistungsorientierte Firma) und dann Microsoft komplett umzugestalten, zum Marktführer in dieser neuen Ära. Das war der Ausgangspunkt für die Reise, auf die wir uns gemacht haben.

Die Grundlage: Neuausrichtung und strategische Ressourcen

Ausgehend von dieser Neudefinition mussten drei Bereiche gemanagt werden: Wir hatten eine von Zahlen und Fakten beherrschte Firma, kommerziell attraktive Geschäftstätigkeit & Belegschaft nicht bereit, Abläufe nicht bereit, Technologie nicht bereit. Und das wollten wir von Anfang an mit den Kunden zusammen machen. Wie war es möglich, diese drei Aspekte zusammenzubringen?

Teil eins: Die Firma ausrichten auf „Lösungsbereiche"

Zunächst beschlossen wir, die Firma auf Lösungsbereiche auszurichten – was Investitionen anging, Innovationen und Go-to-Market-Entwicklungen. Wir wählten damals sechs Bereiche aus (vier kommerzielle und zwei im Kundenbereich wie Spiele und Geräte). Das bedeutete: Statt einer langen Wäscheliste mit Produkten und Dienstleistungen (davon haben wir Hunderte) wählten wir nur sechs – eine enorme Fokussierung.

Und mit unserem Managementteam, mit dem ich mich jeden Freitag treffe, konzentrierten wir uns ausschließlich darauf, wo wir mit diesen sechs Lösungsbereichen stehen (in finanzieller Hinsicht, in technologischer usw.). Einer nach dem anderen.

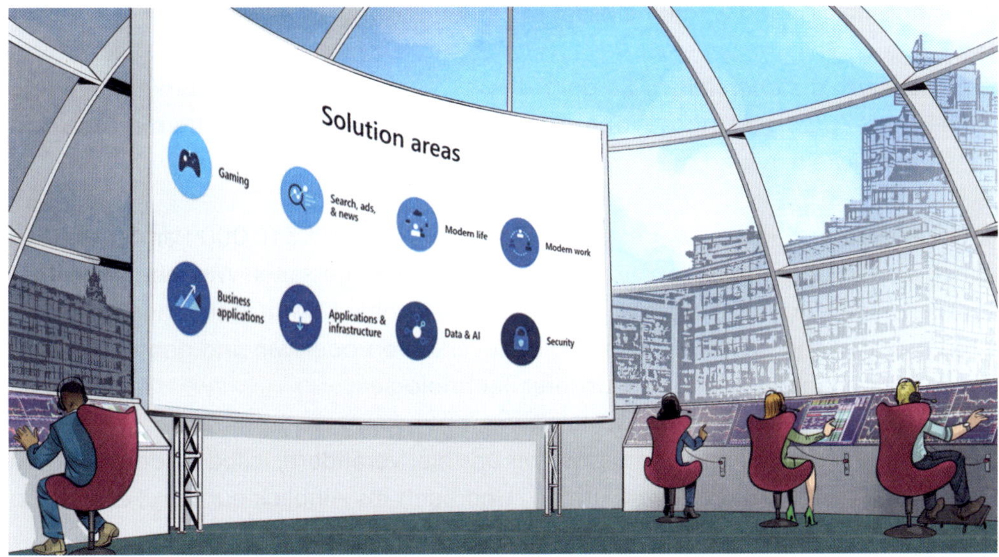

Abbildung 43: Definierte Solutions Areas im Transformationsprpgramm, Microsoft 2022

Teil zwei: Einige wenige strategische Ressourcen definieren

Sobald die Firma entsprechend ausgerichtet war, taten wir den zweiten Schritt. Wir bauten die erforderlichen strategischen Ressourcen auf. Letztlich ging es dabei um persönliche Fähigkeiten – in meiner persönlichen Geschichte bei Microsoft definitiv das größte Unterfangen überhaupt: 40.000 Leute bekamen einen neuen Job – aber was ich mit Ressourcen meine, sind Fähigkeiten, die wir als Firma brauchten. Auch hier mussten wir klare Entscheidungen fällen, im Wesentlichen einigten wir uns auf fünf:

1. Technische Stärke: Technische Fähigkeiten im jeweiligen Bereich entwickeln, um bei der Kommunikation mit dem Kunden zu überzeugen

2. Branchenwissen: Nur wenn wir verstehen, in welchem Geschäftsfeld unsere Kunden tätig sind, können wir gemeinsam mit ihnen Lösungen entwickeln

3. Kundenerfolg sicherstellen: Es geht darum, unsere Kunden zu stärken, ihnen je nach Bedarf Zugang zu Innovationen von Microsoft zu gewähren, in dem Tempo, wie wir sie entwickeln, häufig mit den Kunden gemeinsam

4. Unser Partner-Ökosystem gestalten: Wir haben weltweit 340.000 Partner und wir haben die Zusammenarbeit mit ihnen vollkommen neu gestaltet. Wir haben ihre Ressourcen in der Cloud mit unserer Technologie aufgebaut, wir haben ihnen geholfen, ihre Lösungen mit unserer Technologie zu verkaufen oder wir sind gemeinsam auf den Markt gegangen, wieder mit unserer Technologie

5. Digitaler Verkauf: Ganz klar mussten wir uns hier verändern, insbesondere auf dem Markt der kleinen und mittleren Firmen. Und auch im Hinblick auf den Fernabsatz: digitalen/KI-Verkauf und Social Selling kombinieren

Mithilfe dieser fünf Prinzipien haben wir dann die Organisation neu gestaltet, mit den Funktionen, die wir zur Umsetzung des jeweiligen Prinzips brauchten. Wir haben einen Entwurf entwickelt und ihn dann weltweit verbreitet. So wurden den jeweiligen Organisationen die verschiedenen Rollen praktisch über Nacht zugewiesen.
Wir haben das mit Absicht so gemacht: Erst die Strategie klären, dann klären, welche Ressourcen benötigt werden, dann die Organisation aufbauen. Nicht andersherum, was man häufig sieht und was zu großer Verwirrung führt.

Teil drei: Das Spitzenmanagement ist für die Transformation verantwortlich

Bei Microsoft operieren wir in zwei großen Geschäftsbereichen: die Global Sales Marketing Operations (GSMO) kümmern sich im Wesentlichen um die Geschäftsfelder vor Ort, rund um die Welt (mit insgesamt 14 Geschäftsbereichen und einem gemeinsamen P&L). Die zweite Organisationsstruktur ist Worldwide Commercial Business (WCB). Sie kümmern sich um die weltweite Vermarktung und um Dienstleistungen. Diese Grundstruktur hat zwei Konsequenzen: Erstens spiegeln die beiden Organisationen einander – die eine ist vor Ort, die andere stellt die benötigten Ressourcen zur Verfügung. Und zweitens: die Spitzenmanager beider Organisationen legen die Transformationsstrategie fest und sind verantwortlich für die Durchführung. Wir arbeiten sehr eng zusammen: Vermarktung, Toolset für Veränderungen im Management und Plattform, alle Details der Durchführung (von Verkäufen), die wir vor Ort brauchen.

Der dreidimensionale Aktivierungsrahmen: „Empower Success"

Bis hierhin hört sich das alles nach Transformationsmanagement wie aus dem Lehrbuch an. Wo haben wir also „aktivierende" Elemente eingefügt, von denen wir glauben, dass sie die Transformation bis heute so erfolgreich gemacht haben? Darüber habe ich viel nachgedacht – letztendlich ist es das, worum es beim Transformationsmanagement eigentlich geht: Üblicherweise „reorganisiert" man seine Leute, das heißt, man sagt ihnen: „Dies ist euer neuer Chef, hier sind eure neuen Kollegen ..." Das Ganze findet aber ohne großartige Vorbereitung statt, was die jeweiligen Leute angeht. Und ich habe erlebt, wie „souverän" man wird und wie viel Zeit man als Organisation verliert, wenn man seine Leute und ihre Teams nicht vorab auf die Veränderung einstimmt.

Deshalb habe ich neun Monate vor dem Big Bang (ja, wir haben uns für den Big Bang entschieden) ein kleines Team ins Leben gerufen. Ich habe Leute rekrutiert, die unsere Firma in- und auswendig kennen, Leute aus meinem Führungsteam, von meinen Geschäftspartnern, mit Kundenkontakten überall auf der Welt. Funktionsübergreifend und absolut global. Mit diesem Team haben wir die Struktur „Empower Success" geschaffen – soll heißen, wir wollen Ihren Erfolg als Angestellter möglich machen. Es geht um Sie. Um Sie als Individuum bis hinauf zu den Geschäftsführern, nicht andersherum. Wir haben bei den Leuten angefangen und sie – einen nach dem anderen – auf die Reise mitgenommen. Auf eine aufregende Reise. Und eine Reise, die hart ist, weil wir die Art und Weise, wie wir verkaufen, neu erfinden werden. Das erinnert mich an ein berühmtes Zitat von Leo Tolstoi: Jeder denkt daran, die Welt zu verändern, aber niemand denkt daran, sich selbst zu verändern. Vom ersten Tag an haben wir die Transformation auf der individuellen Ebene ins Auge gefasst. Das Team haben wir dann rund um die drei Dimensionen oder Brennpunkte unseres Aktivierungsrahmens organisiert:

> Jeder denkt daran, die Welt zu verändern, aber niemand denkt daran, sich selbst zu verändern.
>
> \- Leo Tolstoi

„Dein Wachstum“

Hier geht es vor allen Dingen um einen grundsätzlich neuen Lernpfad für unsere Leute (weil wir es uns einfach nicht leisten können, 25.000 Mitarbeitende auszutauschen). Wir haben neue Rollen definiert und damit einen neuen Lernpfad geschaffen, um deutlich mehr Wissen über (1) Technik, (2) Branchen und (3) Coachingkompetenzen zu vermitteln. Dies sind die drei Standbeine unserer Personalentwicklung.

Abbildung 44: Setzen von Prioritäten im Transformationspropgramm, Microsoft 2022

Um Wirkung zu erzielen, haben wir eine wirklich umfassende Lernplattform etabliert – die heute nicht nur von uns, sondern auch von unseren Kunden genutzt wird – mit sehr viel Inhalt. Und die Leute müssen sich zertifizieren lassen (je nach ihrer Aufgabe in der Firma), das heißt, sie müssen ein bestimmtes Maß an Tüchtigkeit unter Beweis stellen. Außerdem müssen sich die Führungskräfte mit ihren Teamangehörigen zusammensetzen und im Einzelnen besprechen, was sie mitnehmen sollten, was sie hätten besser machen können und wie ihr individueller Lernplan für die nächsten vier Monate aussieht. Bei der Fortbildung am Arbeitsplatz gab es also ein ständiges Gespräch über die persönliche Entwicklung.

Dieser Teil ist natürlich nicht ganz einfach – man erwartet, dass sich jemand persönlich weiterentwickelt, gleichzeitig möchte man nicht den Eindruck erwecken, dass „Ihre aktuellen Fähigkeiten und Möglichkeiten nicht mehr zu unserer Strategie passen". Ein Narrativ, das bedauerlicherweise vielen Projekten zur Kompetenzentwicklung oder Transformationsprogrammen zugrunde liegt – wenn nicht ausdrücklich, dann doch zwischen den Zeilen.

Daher haben wir bewusst auf beides gesetzt: die Fähigkeiten, die Leute mit zu Microsoft bringen und die auf ihrer bisherigen Berufserfahrung beruhen. Das muss dann einhergehen mit den Fähigkeiten, die noch erworben werden sollen. Ersteres geht einher mit Vertrauen und Anerkennung, Letzteres steht für Chancen und Perspektiven. Beides, sowohl die vorhandenen und als auch die ergänzenden Kompetenzen, machten am Ende unseren Kompetenzrahmen aus.

Bei Microsoft glauben wir an positive Führung, das heißt, wir setzen auf das leidenschaftliche Engagement unserer Mitarbeitenden. Das macht den großen Unterschied aus: Wir alle haben Entwicklungsbereiche. Aber wenn man darüber nachdenkt, warum Leute sich für einen bestimmten Job entscheiden, dann tun sie das ja nicht von ungefähr, sie verfolgen ein bestimmtes Ziel, suchen einen Sinn. Wenn diese Begeisterung nicht zu spüren ist, oder wenn man nicht deutlich macht, worin der Beitrag bestehen kann, verpasst man eine große Chance. Deswegen muss man auf die vorhandenen Fähigkeiten und die Begeisterungsfähigkeit der Leute bauen.

„Dein Erfolg"

Wir haben uns unsere Tools sehr genau angesehen, insbesondere die digitalen Werkzeuge, um die neue Konsumkultur zu verankern. Dabei geht es darum, die Firma mithilfe von Tools wie CRM (Customer Relationship Management) zu führen, mit Künstlicher Intelligenz (KI), kurz gesagt: Wir wollen den Einzelnen dabei möglichst gut anleiten und unterstützen. Und natürlich muss man unsere Leute mit Inhalt und Wissen über die Tools selbst ausstatten.

„Agiligät"

Hier geht es darum, wie wir alle Ressourcen und alle Rollen zusammenbringen, die wir als Firma weltweit haben, um den Erfolg unserer Kunden möglich zu machen. Die Zusammenarbeit soll so reibungslos wie möglich erfolgen. Das hört sich einfach an – aber für uns gibt es in diesem Bereich immer noch viel zu lernen.

Wir haben das Individuum in den Mittelpunkt unserer Transformation gestellt – und auf dem Weg haben wir verschiedene Aktivierungsmechanismen eingebaut. Lassen Sie mich hier einige der Aktivierungsmechanismen nennen, mit denen wir die größte Wirkung erzielt haben.

Big-Bang-Ansatz

Microsoft will als Tech-Firma erfolgreich sein, daher haben wir uns für den Big Bang entschieden, nicht für den sanften Weg. Das bedeutet nicht unbedingt, dass die

Transformation viele Jahre dauern kann. Für uns war etwas anderes entscheidend: Unsere Kunden sind noch nicht zu digitalen Firmen geworden. Am Ende mussten wir einfach schneller sein, damit wir bei der digitalen Transformation die Führung übernehmen konnten.

Das aktivierende Element bei diesem Ansatz war die starke Abstimmung zwischen Führungskräften und Teams. Sie brauchen Vertrauen – das ist ganz entscheidend. Wem vertrauen Sie in einer Firma? Ihrem Team. Bei Microsoft haben wir mit einer ganz kleinen Allianz angefangen und dieses Vertrauen hergestellt. Wir haben also gleich am Anfang auf eine vertrauensvolle Beziehung gesetzt. Dann haben wir das ausgeweitet, wieder im Bemühen um Vertrauen und gegenseitige Abstimmung. Am Ende schwappte das Vertrauen über, von einem Team zum anderen, und man konnte die Erfahrung machen, dass man sich bei Microsoft auf authentische Führungskräfte verlassen kann.

Das Warum vorgeben, und ein Gefühl der Dringlichkeit – das Wie und das Was können offen bleiben

Big Bang bedeutete für uns nicht, dass wir die Architektur (der Transformation) in allen Details ausgefeilt vorliegen hatten. Gut, wir hatten einen recht soliden Plan. Nicht perfekt, aber wir hatten einen Plan. Und diesen Plan haben wir mit unseren Leuten bestückt. Das bedeutet, wir haben den Plan von Anfang an geteilt, damit er immer solider wurde und eine gemeinsame Ausrichtung bekam. Das geschah durch vertiefende Workshops und Diskussionen, aus denen wir wiederum viel gelernt haben und die in den Plan einbezogen wurden. Während der Aktivierung haben wir eine Menge Energie investiert, um ein grundlegendes Verständnis dafür herzustellen, warum wir Veränderung brauchen – damit jeder wirklich versteht, dass wir uns verändern müssen. Dann haben wir jedoch innegehalten und zu intensiven Diskussionen aufgefordert, wie die Veränderung vor sich gehen soll und was wir anders machen wollen. Und das ist ein starker Moment, weil das üblicherweise von wenigen ausgewählten Führungskräften ausgeht, oder manchmal sogar von externen Beratern. Aber wir haben unsere eigenen Leute aufgefordert, den Wandel zu definieren. Wir wollten nicht nur ihre Unterstützung auf dieser Reise, wir wollten ihren Input! Das haben wir monatelang getan: Wir lieferten das Warum und das Gefühl der Dringlichkeit. Das Wie kam dann von unseren Leuten.

Den Kontext und die Tools liefern. Lernen. Wiederholen

Bei Microsoft haben wir buchstäblich eine lernende Organisation geschaffen: Jede Woche, jeden Monat haben wir überprüft, was nicht funktionierte – und haben es dann in Gang gebracht. Durch vertiefende Workshops und Diskussionen waren wir in der Lage, den Kontext und die Tools zu liefern, die gebraucht wurden. Durch enge Feedbackschleifen stellten wir danach sicher, dass über Kontext und Tools weiter nachgedacht und weiter gelernt wurde, um wiederum entsprechende Anpassungen vorzunehmen. Im Kern haben die Mitarbeitenden bei Microsoft die Transformationsmaßnahmen definiert; die Führungskräfte haben lediglich sichergestellt, dass sie so reibungslos wie möglich umgesetzt wurden.

Globale Zielsetzung mit regionalen Besonderheiten

Die Mission unserer Firma ist global. Aber die Märkte sind natürlich regional. Daher waren die CEOs vor Ort die Produktbesitzer, sie mussten die kommerzielle Strategie zum Leben erwecken – und waren damit auch für ihre Aktivierung zuständig. Jeder Mitarbeitende bei Microsoft interpretiert die Mission persönlich und innerhalb seines Landes oder seiner Region. Das ähnelt dem, was ich bereits gesagt habe: Auf der Managementebene stellen wir Möglichkeiten bereit, um die Entstehung von Strukturen vor Ort zu unterstützen.

Überarbeitete Führungsprinzipien

Schließlich haben wir eine Reihe neuer Führungsprinzipien entwickelt – zusammen mit allen 20.000 Managern weltweit: „Model, Coach & Care" ist unser neues Motto, das ganz klar den Geist der Aktivierung unterstreicht, der unseren Weg begleitet. Ganz konkret bedeutet das, als Führungskraft sollte man für drei Dinge stehen:

Klarheit –
wir müssen klar sein in allem, was wir tun
(auch im Hinblick auf mögliche Mehrdeutigkeiten).

Energie –
im zielgerichteten Umgang mit Teams und Kunden
müssen wir deutlich machen, was zu einer positiven Haltung gehört.
Dazu gehört auch schwieriges Feedback, das wir miteinander teilen.

Erfolg –
wir müssen unsere Mitarbeitenden in die Lage versetzen,
erfolgreich zu sein – und unsere Kunden erfolgreich zu machen.

Diese Prinzipien haben wir allen unseren Führungskräften nahegebracht und gemeinsam beschlossen, in ihrem Sinne Vorbild zu sein, Mitarbeitende anzuleiten und uns zu kümmern (Model, Coach & Care).

Positive Führung und Konsequenz: Was wir aus der Transformation von 40.000 Mitarbeitenden gelernt haben

Wenn ich zurückblicke – und wir sind ja noch nicht am Ende – würde ich einige Dinge aus unserer bisherigen Erfahrung mitnehmen. Ganz eindeutig hätten wir bei unseren Leuten mehr auf digitale Werkzeuge setzen und in den Teams noch mehr direktes Feedback etablieren sollen. Gerade Feedback ist so wichtig, damit man systematisch Wissen und Erfahrungen teilt und darauf aufbaut (und nicht beides im Meeting sitzen lässt).

Aber wir hatten auch zwei starke Antriebe auf unserer Reise: Einerseits waren wir bei Microsoft geradezu besessen von der Idee, unsere Leute aus- und fortzubilden, was die Transformation angeht. Die ganze Zeit hindurch (siehe ➔ Den Kontext und die Tools liefern. Lernen. Wiederholen weiter oben). Das ist viel mehr als einfach nur reden: Es geht darum zu zeigen, vorzuleben, worum es geht, die ganze Zeit! Andererseits hat es für einen enormen Schwung gesorgt, dass wir unsere Leute ermächtigt haben, Lösungen selbst zu finden (anstatt ihnen zu sagen, was sie tun sollen). Als Führungskräfte demonstrieren wir, dass das unser Ansatz ist, und wir meinen das auch so.

Wo stehen wir heute, verglichen mit dem Anfang? Wir sind am Anbruch des Tages – und wir haben gute Fortschritte gemacht, auf die wir stolz sein können. Die Leute schauen auf die Zahlen, und die sind solide. Die Reise, die vor uns liegt, bedeutet, noch tiefere Branchenkenntnisse zu erwerben – das machen wir zusammen mit führenden Firmen. Und dann gibt es natürlich ehrgeizige Pläne, unsere Firma zu vergrößern und bestimmte Sektoren zu erobern. Aber der Ansatz, den wir gewählt haben, den einzelnen Mitarbeitenden in den Mittelpunkt der Transformation zu rücken, ihn oder sie so gut wie möglich zu unterstützen und einzuladen, die Probleme selbst zu lösen: Das ist etwas Besonderes, worauf wir bei Microsoft stolz sind.

Swisscom:

Spielerisch, interaktiv und witzig: „Mach mit" bei Swisscom

Von Oliver Stein & Adrian Bucherer

Ausgangslage

Die Verankerung und Implementierung einer Strategie ist eine der wichtigsten Aufgaben des Topmanagements. Sie bedingt viel Führungskompetenz, Ausdauer und Disziplin. Es gilt, die Herzen der Mitarbeitenden zu erreichen, das nächste grössere Etappenziel, sowie den Weg dahin zu erläutern, sodass sich die Mitarbeitenden engagiert und motiviert für ihren Arbeitgeber einsetzen. Untermalt mit kräftigen Bildern und wohlformulierten Sätzen werden neue Strategien oftmals mit animierten PowerPoint-Präsentationen über die verschiedenen Führungsebenen zu den Mitarbeitenden getragen. Mit GiveAways oder Bildschirmschonern und Plakaten im ganzen Unternehmen wird die neue Bild- und Inhaltssprache sichtbar gemacht, die Führungskräfte stellen die neuen Strategie ihren Teams vor. Und doch stellen viele Firmen nach ein paar Monaten fest, dass die Mitarbeitenden die neuen Begriffe nicht so schnell verinnerlichen, wie sie sich das trotz all dem Aufwand gewünscht hätten. Denn was fehlt, ist die persönliche und inhaltliche Auseinandersetzung mit der Strategie. Es reicht nicht, Kampagnen aufzugleisen und darüber oft zu kommunizieren, die Mitarbeitenden müssen sich persönlich damit auseinandersetzen

Der Swisscom-Geschäftsleitung ist es im 2018 gelungen, die Vision, die Werte, das Versprechen, die Strategie, die Ziele und die Transformation auf einem Slide unter dem Titel „Swisscom Story" zusammenzufassen. Die Swisscom Story bildete eine gute Ausgangslage, doch die eigentliche Herausforderung war, neue und wirkungsvolle Ideen für die Verankerung der Strategie zu entwickeln. Genau diese Marathonaufgabe haben wir im Privatkundenbereich der Swisscom übernommen. Wir wollten die Strategieverankerung überdenken und mit neuen Ansätzen die bestehenden, erfolgreichen Formate wie Roadshow, internes TV oder Führungskräfte-Schulungen sinnvoll ergänzen. Denn aufgrund von mehreren Restrukturierungen, einer sinkenden Kundenzufriedenheit und ungewohnt vielen Störungen im Netz, hatte die Stimmung im Bereich Privatkunden gelitten. Wir hatten den Auftrag der Privatkunden-Geschäftsleitung, einen Ansatz zu wählen, der die Mitarbeitenden mit der neuen Swisscom Story verbindet und ihr inneres Feuer für Swisscom neu entfacht. Und das in einer dezentral über die ganze Schweiz verteilten Organisation mit knapp 100 Swisscom Shops, 10 Call Center-Standorten und mehr als 10 unterschiedlichen Arbeitsorten bei mehr als 6.000 Mitarbeitenden. Der konkrete Anspruch war: In der primär auf den Kunden ausgerichteten Organisationseinheit SAS (Sales und Services) die Swisscom Story zum Leben zu erwecken. Oder anders gesagt, die Design Challenge: Wie vermitteln wir die Swisscom Story, sodass die Mitarbeitenden sie mit Herz und Kopf verbinden können und diese mit Begeisterung und Stolz im Alltag leben?

Vorgehen: Hear, Create, Deliver

Für die Umsetzung unsere Design Challenge haben wir uns für die Methode „Hear, Create, Deliver" entschieden. Diese Human Centerd Design Methode setzt Swisscom seit mehr als 10 Jahren im Produkt- & Prozessmanagement ein, sie stammt ursprünglich von IDEO, einer Innovationsagentur aus dem Silicon Valley. Am Anfang steht mit der „Hear"-Phase ein intensives Verstehen der Nutzer, Anwender, Kunden – in diesem Fall der Mitarbeitenden. Mit „Create" folgt gezielt die kreative Ideenphase, wo Ansätze und Ideen geschaffen werden. In der dritten Phase „Deliver" wird ein erstes Prototyping, Testen und Umsetzen nach iterativen Prinzipien angestrebt.

Hear

In zahlreichen Interviews auf allen Unternehmensebenen wurde deutlich, dass die Frontmitarbeiter mit Managementbegriffen wie „Lean Management“ oder „Agilität“ wenig bis gar nichts anfangen konnten. Themen, die an der Kundenfront hingegen tägliches Brot sind wie beispielswiese „Kundenorientierung“, wurden gerne und oft wiederholt, es war eine klare Begeisterung für ihre Tätigkeit an der Kundenschnittstelle spürbar.

Wenn wir die Mitarbeitenden fragten, wie sie die Vision oder auch die Werte im Alltag einsetzen und leben, wurde klar, dass die meisten zum ersten Mal darüber nachdachten. Sie hatten bisher meist in den eh schon viel zu kurzen Team-Meetings zwar einzelne Begriffe gehört und verstanden, konnten sie aber nicht in ihren Arbeitsalltag übersetzen. Für sie war zwar klar, was beispielsweise Einfachheit in der Lösung von Kundenanliegen bedeutet, sie konnten aber keine Verbindung zur Swisscom-Strategie herstellen. Uns wurde bewusst, dass wir eine Plattform schaffen mussten, in der die Mitarbeiter die Swisscom Story mit ihren eigenen Ideen und Vorstellungen füllen und somit für sich die Verbindung zu Themen wie Einfachheit oder Agilität in ihrem Alltag herstellen konnten. Es durfte nicht darum gehen, den schön formulierten Satz aus dem Leitbild auswendig aufsagen zu können, sondern mit eigenen Geschichten und Erlebnissen die Werte zum Leben zu erwecken und zu verstehen. Würde das Management diese Freiheit zulassen und einen Strategie-Verankerungsprozess unterstützen, wo sie als Facilitator bei den Mitarbeitern auftreten würden, um Energie und Begeisterung auszulösen und auf Augenhöhe mit den Mitarbeitenden über ihre Erfahrungen zu sprechen?

Create

Mit einem Ideen-Workshop und vielen Teilnehmern, die offen und kreativ denken, starteten wir die Create-Phase. Über 50 Ideen wurden erstellt, jeweils auf einem DIN A4-Blatt visuell ausgearbeitet und anschliessend durch ein kleines Team vorpriorisiert. Völlig neue Ansätze waren selten, da wir bei Swisscom als ICT-Unternehmen gerade im digitalen Bereich bereits sehr viele Formate ausprobiert hatten.

Alle ausgewählten Ideen mussten sich an folgenden Design-Prinzipien orientieren:

- Das Verständnis der Mitarbeitenden für die Customer Journey und der Dialog mit dem Management sollen gefördert werden,
- der Fokus wird auf Vision und Werte gelegt,
- die Auseinandersetzung mit der Swisscom Story soll im Mitarbeiteralltag erfolgen und
- es sollen keine PowerPoint oder Poster verwendet werden.

Die besten drei Ideen wurden detaillierter visualisiert, mit ersten Prototypen versehen und dem Topmanagement-Board zur Auswahl vorgestellt.

Abbildung 45: Die Top 3 Ideen werden visualisiert, um sie dem Management vorzustellen, Swisscom 2022

„Die Swisscom schreibst Du“ (Foto Mitte) hatte sich klar durchgesetzt, die Idee, dass alle Mitarbeitenden an der Story schreiben, hatte volle Unterstützung des Topmanagements. Wir haben uns sofort an die Erstellung der ersten Prototypen gemacht. Grundidee war ein Booklet, das mit Kreativität, Humor und digitalen Elementen die Mitarbeiter motivieren sollte, ihre eigene Swisscom Story zu schreiben. Dabei sollten Gamification-Elemente mit frechen Beispielen verbunden werden. Es war uns zudem wichtig, dass das Buch den Dialog zwischen Vorgesetzten und Management verstärken würde. Es handelte sich um ein „Malbuch“ („Krickel-Krakel-Buch. Rätselbilder zum Weitermalen“), schreiben, ausreissen und mit anderen teilen: Mit QR Codes konnten die persönlich ausgefüllten Seiten auf einer cloudbasierten Swisscom-Lösung für alle Mitarbeitenden hochgeladen werden.

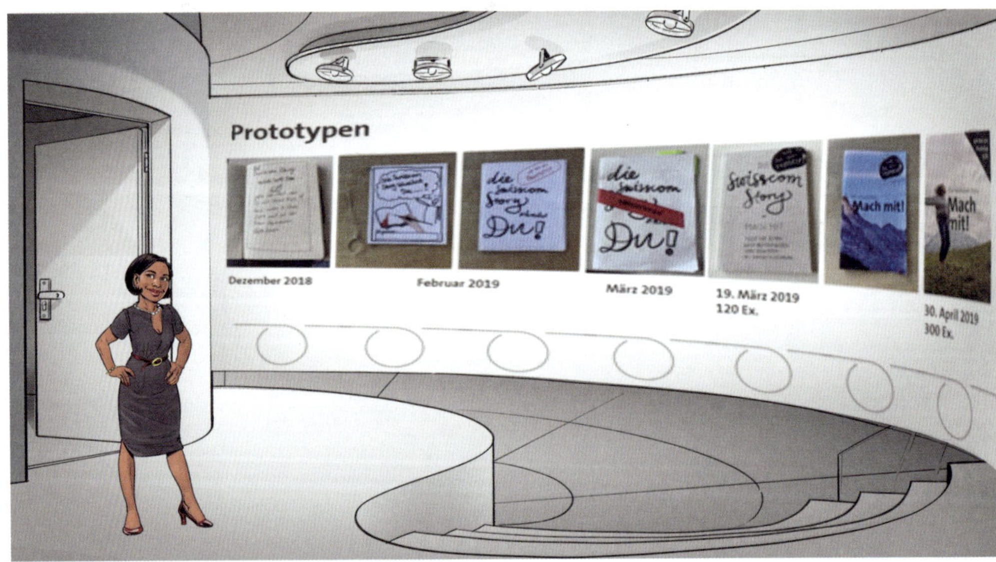

Abbildung 45: Entwicklung von Prototypen im Zeitverlauf, Swisscom 2022

Dabei wurden die Ideen sichtbar und konnten mit anderen verglichen werden, zusätzlich konnten Posts auf Instagram mit dem Hashtag #swisscomstory versehen werden. Im Rahmen der Ausarbeitung der Prototypen wechselte der Titel von „Die Swisscom Story schreibst Du" in „Mach mit". Bereits nach wenigen Wochen konnten wir den Führungskräften der mittleren Ebene die Prototypen vorstellen und ihre Feedbacks einsammeln.

Als erste Reaktion haben wir dabei oft gehört, dass dieser kreative „Mitmach-Ansatz" für Mitarbeitende zu „kindisch" und spielerisch sei. Dank den interaktiv gestalteten Prototypenworkshops konnten wir diesen Einwand sehr gut aufnehmen, testen und entkräften. Die Kritiker haben beim Ausfüllen realisiert, dass auch einfache Aufgaben sie vor grosse Herausforderungen stellten. Und die spielerische Auseinandersetzung trotzdem sehr viel Spass bereitete.

Deliver

Angereichert mit den Feedbacks aus den Prototypen-Workshops und einem Leadership-Dialog mit den 70 obersten Fach- und Führungskadern gingen wir in die Produktion der nächsten Prototyp-Version, ganz im Sinne von Iterieren und Lernen. „Alleine das Booklet würde nicht reichen", so die Überzeugung aus den Workshops, wir wollten das Management mit den Mitarbeitenden in einen intensiven Dialog bringen. Also entwickelten wir die Idee der „Story Cafés", wo die persönlichen Stories zu den einzelnen Werten im Vordergrund stehen. Aber in welcher Dimension sollte das Ganze stattfinden? Mit allen 6.000 Mitarbeitern, mit 3.000 oder nur 1.000 Mitarbeitern? Wir einigten uns mit dem Management bei der Freigabe der Booklets darauf, die „Story Cafés" an drei Standorten zu testen und an der schweizweiten Roadshow Ende des Jahres intensiv in den Dialog einzusteigen.

Abbildung 47: „Hau den Lukas" als ungewöhnliche Maßnahme zur Mitarbeiteraktivierung, Swisscom 2022

Gleichzeitig haben wir das Verteil- und Kommunikationskonzept in die Organisation ausgearbeitet. In grossen Organisationseinheiten wie dem Callcenter, den Shops und bei den dezentral organisierten Servicetechnikern musste die Verteilung und Einführung via Teamleitende sichergestellt werden. Dabei haben wir die Story Booklets mit einem kleinen Guide ganz im Sinne eines Medikamenten-Beipackzettels ausgestattet, so dass die Mitarbeitenden ohne grosses Einführungsbrimborium mit ihrer Version der Swisscom Story starten konnten. Damit konnten wir die Versendung an die Shops und die grossen Callcenter-Standorte direkt von der Druckerei aus ermöglichen.

Fazit

Bei den Mitarbeitenden stiess der neue Mitmach-Ansatz auf grosse Begeisterung und Interesse. So haben viele Mitarbeitende beispielsweise ihre Version des Digitalisierungsmonsters gezeichnet und via #swisscomstory auf Instagram gepostet. Viele haben die spielerischen und informativen Elemente zum Mitmachen genutzt, Papierflieger gebaut oder den „Hau den Lukas" ausprobiert. Mehrere Hundert Uploads auf den Cloud Server bezeugten ein grosses Interesse der Mitarbeitenden. Ebenfalls konnten wir in den Mitarbeiterbefragungen einen signifikanten Effekt auf die Transformationshebel feststellen. Die Mitarbeiter kennen die Themen besser und tragen diese weiter.

Ein Jahr nach der Einführung und ohne weitere Kommunikationsmassnahmen trafen auch Ende 2020 immer noch Booklet-Bestellungen bei uns ein. Zweimal mussten wir nachdrucken und auch in anderen Swisscom-Bereichen stiess das Booklet auf rege Nachfrage, obwohl die Beispiele stark auf die Herausforderungen im Privatkundensegment ausgerichtet sind. Unsere Shopleiter sind begeistert, einige berichteten, dass sie neuen Mitarbeitenden die Swisscom ganz einfach mit dem „Mach mit!"-Booklet vorstellen können. In der grossen Roadshow Ende des Jahres wurde das Mitmach-Buch in die Pitches der Geschäftsleitung integriert und die tollsten Mitmachbilder gezeigt. Die Dialog-Plattformen fanden im kleineren Rahmen als ursprünglich geplant statt, einfach weniger intensiv und orchestriert. Besonders positiv hervorzuheben war die bereichsübergreifende Zusammenarbeit: So hatten Business Bereiche, gemeinsam mit HR, Experience Designer und Top-Management hier gemeinsam Hand in Hand diesen Ansatz entwickelt, getragen und zur Umsetzung gebracht.

Auch wenn die „Mitmach-Idee" nicht überall so konsequent umgesetzt worden ist, wie wir es uns gewünscht hätten, so haben wir gesehen, dass Strategie-Aktivierungen auch mit spielerischen und interaktiven Elementen funktioniert und eine schnelle Breitenwirkung erzielt. Dass mehr als 18 Monate nach der Lancierung immer noch Mitmach-Booklets von Mitarbeitenden – der eigentlichen Zielgruppe von unserer Design-Challenge – bestellt wurden, zeigt uns klar, dass der Ansatz eine tolle Ergänzung klassischer Verankerungsmethoden darstellt. Oder kennt ihr Unternehmen, wo Mitarbeitende der Kundenfront die gedruckte Form vom Leitbild freiwillig nachfragen und als Einführungsinstrument für neue Mitarbeitende nutzen? Aus unserer Sicht Mission completed!

Swiss Re:

Agile Transformation als Bewegung – wenn HR „Agilität" aktiviert

Von Ulrich Tennie

Hintergrund: Technologiebedingte Veränderungen in der Versicherungsbranche

Die Swiss Re Group ist ein weltweit führender Rückversicherer, Direktversicherer und Anbieter von Versicherungsdienstleistungen. Die Mission der Swiss Re ist es, die Welt resilienter zu machen („We make the world more resilient"). Mit ihrem Hauptsitz in Zürich (Schweiz), wo die Swiss Re 1863 gegründet wurde, beschäftigt sie heute weltweit rund 15.000 Angestellte in 80 Büros und 23 Ländern.

Die Swiss Re Gruppe ist in die drei Bereiche Rückversicherung (Re), Direktversicherung für Unternehmen (Corporate Solutions) und Digitale B2B2C-Versicherung (iptiQ) unterteilt. Jeder Bereich bietet Lösungen für bestimmte Kundengruppen: Von großen Versicherungshäusern über globale Konzerne bis hin zu größeren Mittelständlern. Wie andere traditionelle Branchen (zum Beispiel Medien, Einzelhandel, Banken) hat die Versicherungsbranche in den vergangenen Jahren erhebliche technologiebedingte Veränderungen durchgemacht. Grundlegende technische Neuerungen (Automatisierung, Data Analytics, digitaler Vertrieb) und veränderte Kundenerwartungen (insbesondere im Hinblick auf eine bessere Vernetzung, Customer Experience und größere Effizienz) haben Unternehmen vor die Herausforderung gestellt, sich grundlegend zu verändern. In diesem Zusammenhang hat die Swiss Re sich aufgemacht, sowohl intern Verbesserungen vorzunehmen, etwa die vorhandenen Daten besser zu nutzen oder Kernarbeitsprozesse zu digitalisieren und zu automatisieren, als auch nach außen gerichtete Aktivitäten anzugehen, etwa die Neuentwicklung von Digitalprodukten und die Erweiterung von Geschäftsmodellen durch neue Partnerschaften.

Um solche strategischen Initiativen in die Tat umzusetzen, war nach dem Verständnis der Geschäftsführung der Swiss Re eine fundamentale Veränderung innerhalb des Unternehmens notwendig. Aus Sicht der Führungsspitze musste die Organisation deutlich „agiler" werden, insbesondere „beweglicher, schneller und mutiger sowie verbundener". Nur so würde es gelingen, neue Chancen zu erkennen, auf neue Kundenwünsche einzugehen und innovative Lösungen anzubieten, um so letztlich in einer Umgebung im Wandel bestehen zu können.

In der zweiten Jahreshälfte 2018 erhielt die Entwicklung hin zu einer verstärkten organisatorischen Agilität, die in Teilen bereits im Gange war, den entscheidenden Impuls und hatte von nun an oberste Priorität. In der Frage, wie die geplante Veränderung umgesetzt werden sollte, entschied sich die Swiss Re Führung bewusst gegen eine große Transformation „auf einen Schlag". Vielmehr war man der Ansicht, es widerspreche der Firmenkultur und sei kontraproduktiv, Agilität von oben nach unten (top-down) einzuführen. Eher sollte sich Agilität als eine Art Bewegung von unten nach oben („grass roots") ausbreiten und entwickeln und damit organisch wachsen.

Diese Art der Vorgehensweise scheint ziemlich genau dem zu entsprechen, was McKinsey in einer Studie von 2019 über erfolgreiche agile Transformationen den „emergenten" (etwa: „sich selbst entwickelnden") Archetyp nennt. Bei dieser Vorgehensweise haben die einzelnen Unternehmensbereiche viel Freiraum in Bezug darauf, wie sie die Transformation umsetzen wollen. Die Führungskräfte formulieren lediglich Erwartungen und geben die Richtung vor. Die anderen beiden Archetypen laut der McKinsey-Studie sind „all-in" und „schrittweise"; bei beiden wird die Vorgehensweise viel stärker „top-down" festgelegt, einschließlich verbindlichen Veränderungen in der Organisationsstruktur.

Für die Swiss Re formulierte die Geschäftsführung ab September 2018 klar die Erwartung, die Organisation „müsse innerhalb der nächsten zwei Jahre deutlich agiler werden". Alle Führungskräfte wurden aufgefordert, in ihren eigenen Bereichen nach mehr Agilität zu streben. Wie dieses Ziel im Einzelnen erreicht werden sollte, blieb bewusst offen. Und so waren Anfang 2019 eine ganze Bandbreite von Umgestaltungsbemühungen im Gange: Von kleinen Veränderungen wie der Einführung einzelner agiler Methoden auf Teamebene bis zu komplexen Veränderungen des Betriebsmodells in zwei IT-Einheiten mit rund 500 Angestellten. Während es also zahlreiche verschiedene Ansätze gab, die sich organisch entwickelten, bestand hingegen jederzeit Klarheit über die Richtung, wohin man wollte. Auch sollte bei aller Unterschiedlichkeit der Initiativen bezüglich der Führungskultur unternehmensweit mit dem gleichen Ansatz gearbeitet werden.

Von ihm versprach man sich, dass er entscheiden sein würde für die Entwicklung hin zu mehr Agilität. Man wollte von einem eher konservativen und hierarchischen Führungsstil dahin gelangen, mutige, „purpose-driven" Führung zu fördern, die es jedem Mitarbeitenden ermöglichen sollte, selbst Führungsaufgaben auszuüben („leadership from every seat"; etwa: Führung auf allen Ebenen). Die angestrebte Führungskultur fand ihren Ausdruck in der Definition gewünschter Verhaltensweisen: „Be courageous, adapt at speed and create joint movement" (Seid mutig, passt euch schnell an und lasst eine gemeinsame Bewegung entstehen)

Abbildung 48: Leadership from every Seat als Leitidee der neuen Führungskultur, Swiss Re 2022

Die doppelte Herausforderung für die Human Resources (HR) Funktion: agil für die Firma & agil für HR

Die Herausforderung für die HR-Funktion war doppelter Natur: Sie musste entscheiden, wie sie die Entwicklung zu mehr Agilität unterstützen würde, insbesondere die angestrebte Veränderung in der Führungskultur („agil für die Firma"). Und zweitens musste sie herausfinden, wie sie selbst beweglicher werden konnte („agil für die HR-Funktion").

Hätte sich die Swiss Re für eine Top-Down-Transformation entschieden, dann wäre die Antwort auf die erste Frage ziemlich einfach gewesen. Der Beitrag der HR-Funktion wäre wahrscheinlich im Rahmen der Gesamttransformation in einer Arbeitsgruppe gebündelt und gesteuert worden. Doch man hatte sich ja bewusst gegen eine solche Top-Down-Transformation entschieden. Die Aufgabe bestand demnach nicht darin, eine gut durchdachte und strukturierte Transformation zu unterstützen, sondern Teil einer Bewegung zu werden, die schnell an Tempo aufnahm und aus vielen Mini-Transformationen bestand.

Angesichts dieser Situation traf die HR-Führung die Entscheidung, den Beitrag von HR neu zu denken und sich selbst anders zu organisieren: Man beauftragte eine kleine Gruppe von Freiwilligen, die alle persönlich etwas über Agilität lernen und mit neuen Arbeitsformen experimentieren wollten, herauszufinden, wie HR die neue agile Bewegung am besten unterstützen könnte. Und zwar dadurch, sich selbst im agilen Modell aufzustellen. So begann der agile Weg für das HR mit nur acht Personen in einem Raum, darunter der Autor dieses Artikels, mehreren Kollegen eines globalen Centre-of-Expertise und zwei globalen HR-Partnern. Wir gaben uns den Namen „People Circle", um zum Ausdruck zu bringen, dass wir als bereichsübergreifendes Team arbeiten wollten und nicht an die bestehende Organisationsstruktur gebunden sein wollten.

Von Anfang an legten wir Wert darauf, Tools zu nutzen, die üblicherweise beim agilen Arbeiten Anwendung finden. Vor allem so würden wir am eigenen Leib aus der Praxis lernen. Zur Entwicklung einer gemeinsamen Vision begannen wir also mit einer sogenannten V2MOM-Sitzung (**V**ision, **V**alues (Werte), **M**ethoden, **O**bstacles (Hindernisse), **M**aßnahmen). Der Zweck eines solchen V2MOM ist es, die Marschrichtung zu klären und die Energie des Teams auf das gewünschte Ergebnis zu richten. Wir wollten uns auf etwas konzentrieren, das in der gesamten Organisation und nicht nur nicht nur in der HR-Funktion etwas bewegen würde. Und so formulierten wir für uns die Vision, „die agile Transformation der Swiss Re zu beeinflussen und mitzubestimmen und dem Wandel in der Firmenkultur Vorschub zu leisten."

Unser Beitrag sollte in erster Linie darauf gerichtet sein, den Wandel in der Swiss Re Führungskultur herbeizuführen. Wir waren der Auffassung, so könnte die HR-Funktion zu diesem frühen Zeitpunkt der agilen Transformation den größtmöglichen Einfluss nehmen und einen eigenen, wichtigen Beitrag leisten. In diesem Zusammenhang haben uns Fachleute aus der agilen Welt wie Pete Behrens (siehe ➔ Literaturhinweise) inspiriert. Ihnen zufolge ist ein Wandel zu größerer Agilität dann erfolgreich, wenn er von innen nach außen stattfindet und eine Veränderung in Werthaltungen und Führungsstil (soll heißen in der Firmenkultur) mit sich bringt. Nach dieser Theorie lehnen die Mitarbeitenden die Veränderung ab, wenn diese zuerst bei der Organisationsstruktur ansetzt, etwa bei der Neuorganisation der Berichtslinien (von außen nach innen).

Swiss Re treibt das Thema Agilität als „Bewegung" voran. Dabei unterstützt die HR-Funktion eine Veränderung von innen nach außen (inside-out), ausgehend von der Firmenkultur

Abbildung 49: Veränderung, die bei der Firmenkultur ansetzt, Swiss Re 2022

Mit der Gründung des People Circle begegneten wir der Herausforderung für die HR-Funktion in doppelter Hinsicht: Zum einen beschlossen wir, die Veränderung der Führungskultur (im Sinne von „leadership from every seat") in den Mittelpunkt zu stellen („agil für die Firma"). In der Praxis bedeutete das, einen Weg zu finden, wie wir dafür sorgen konnten, dass Vorgesetzte und Teams auf allen Ebenen (also praktisch alle 15.000 Mitarbeitenden) anfangen würden, ihr Verhalten anzupassen und agiler zu handeln; wie sie mutiger werden, sich schnell umstellen und in ihrem Einflussbereich Dinge vorantreiben würden. Zum anderen stießen wir die Entwicklung zu mehr Agilität für die HR-Funktion an („agil für die HR-Funktion"), indem wir bei der Arbeit des People Circle begannen, selbst mit agilen Methoden zu arbeiten, wie sie weiter unten näher beschrieben werden.

Wie wir unsere Aufgabe als „Aktivierung" begreifen und uns als agiles Team aufstellen

Als nächstes ging es darum, wie wir die Veränderung im Führungsverhalten in der Organisation am besten unterstützen könnten. Von Anfang an haben wir gedacht, dass wir unsere Aufgabe am besten als „Aktivierung" der angestrebten Führungskultur ansehen sollten. Entsprechend fragten wir uns, was zu tun war, damit sich die neuen Verhaltensweisen in der breiten Masse der Organisation durchsetzen würden, also dass sie von vielen diskutiert, praktiziert und letztlich angenommen werden.

Mit diesem Ansatz der Aktivierung entschieden wir uns ausdrücklich gegen das, was HR-Funktionen von Unternehmen häufig tun, nämlich die eigenen Prozesse zu hinterfragen und anzupassen – im Sinne von: Wie sollen wir unsere Vergütungspolitik oder unser Talentmanagement verändern, um die agile Bewegung zu unterstützen? Wir waren der Meinung, dass derartige Bemühungen zwar wichtig wären und zu einem späteren Zeitpunkt durchaus vorzunehmen wären, aber zunächst nicht wirklich dazu beitragen würden, neue Verhaltensweisen zu verbreiten und vorzuleben. Außerdem würde ein solcher Ansatz viel zu lange dauern, um Wirkung zu zeigen.

Folglich konzentrierten wir uns auf die „Aktivierung“ der gesamten Organisation (alle 15.000 Mitarbeiter), insbesondere auf drei Hebel oder drei Personengruppen:

1. Führungskräfte aktivieren: Verankerung von agilem Führungsverhalten („Leadership from every seat“)

2. Teams aktivieren: Förderung des Dialogs über agiles Verhalten im Kontext des einzelnen Teams; Gemeinsames Verständnis für vorhandene Defizite bezüglich Agilität gewinnen

3. HR-Partner aktivieren: Fortbildungen für HR-Partner weltweit, damit sie ihre Geschäftsbereiche darin unterstützen, agiles Verhalten und entsprechende Arbeitsweisen zu implementieren

Mit diesem Ziel vor Augen wollten wir uns als Team von HR-Praktikern selbst „aktivieren“. Mithilfe eines agilen Coaches machten wir uns selbst – den People Circle – zu einem agilen Team und setzten gezielt eine Reihe von agilen Praktiken ein: um die übergeordnete Teamstruktur aufzusetzen, die Koordinationsmechanismen zwischen den drei Teams zu etablieren und auch die Abläufe in den einzelnen Teams festzulegen. Von den zehn Praktiken agiler Teams, die Stephen Denning in seinem Klassiker The Age of Agile (2018) beschreibt, gelang-

Mit diesem Ziel vor Augen wollten wir uns als Team von HR-Praktikern selbst „aktivieren“.

Abbildung 50a: Zielgruppenfokus in der Aktivierung der HR Funktion, Swiss Re 2022

ten am Ende neun zur Anwendung: Arbeit in kleinen Gruppen, kleine funktionsübergreifende Teams, klar definierte Arbeitspakete, autonome Teams, Ziele konsequent erreichen („getting to done"), tägliche Stand-Up-Meetings, radikale Transparenz, Kundenfeedback bei jedem Vorgang, rückblickende Bewertung und Lernen („retrospective"). Die einzige Methode, die wir von Denning's Liste nicht umsetzen konnten, war: „Arbeiten ohne Unterbrechung", weil unsere Teammitglieder nur einen begrenzten Teil ihrer Arbeitszeit (15–25 %) auf die Arbeit des People Circle verwenden konnten und nicht, wie idealerweise vorgesehen, mit 100% ihrer Zeit dem Team zur Verfügung standen.

Gesamtaufstellung in Form von drei zusammengehörigen Teams

Agile Praktiken: *kleine, funktionsübergreifende Teams, autonome Teams*

Wir stellten also drei Teams für die Bereiche Führungskräfte, Teams und HR-Partner auf, die sich selbst organisierten, und nannten sie jeweils „Circle". Jeder Circle hatte 6 bis 8 Mitglieder, darunter einen Produktinhaber und einen Scrum Master. Die Produktinhaber waren für die Gesamtleitung verantwortlich und insbesondere dafür, dass die (interne) Kundin bekam, was sie wollte. Die Scrum Master organisierten den Weg dorthin. Die sechs Kolleginnen und Kollegen, die diese Rollen übernahmen, wurden „just in time" in den benötigten Techniken ausgebildet; dazu besuchten sie externe Kurse (zum Beispiel bei Scrum Alliance, Adventures with Agile). Wir bemühten uns, in jedem Circle Mitglieder aus verschiedenen Bereichen zu haben, damit im Team alle Kompetenzen vorhanden waren, um zu einer innovativen und passgenauen Lösung zu gelangen. So waren beispielsweise im „Leadership Circle" neben dem Head of Executive Leadership Development, der als Produktinhaber fungierte, erfahrene Führungskräfte aus unterschiedlichen Bereichen und Regionen vertreten.

Regelmäßige Koordination und Abstimmung zwischen den Circles

Agile Praktiken: *begrenzte laufende Arbeit, Ziele konsequent erreichen*

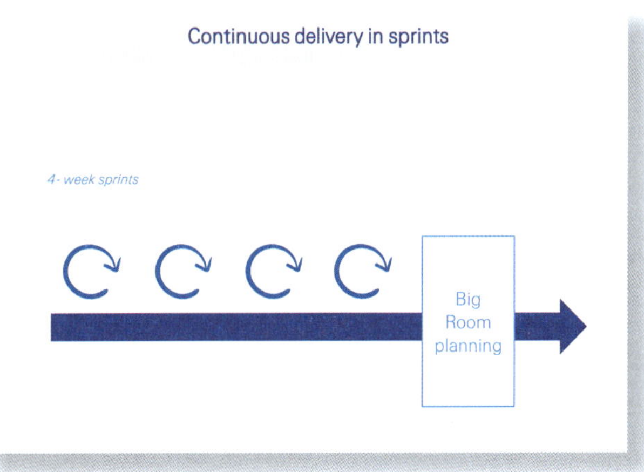

Abbildung 50b:
Anwedung agiler Methoden:
Arbeitsrhytmus in Sprints,
Swiss Re 2022

Wir beschlossen auf so genannte Minimal Viable Products (MVPs) hinzuarbeiten, die innerhalb von sechs Monaten zu erreichen wären („getting to done"). Es kam also darauf an, innerhalb dieses Zeitrahmens zu einem Ergebnis zu gelangen. So könnten wir zu der sich entwickelnden Bewegung beitragen und würden sie sogar beschleunigen können. Sollten die Dinge länger als sechs Monate dauern, bedeutete das, wir hätten die Möglichkeit verpasst, die Bewegung mitzugestalten. Wir etablierten regelmäßige, vierwöchige Arbeitszyklen und eine Abfolge größerer Meetings mit 25–35 Teilnehmern, bei denen der gesamte People Circle mit internen und externen Gästen zusammentreffen würde. Dieser gleichmäßige Rhythmus bei allen drei Circles bedeutete, wir konnten einander zeigen, wie weit wir gekommen waren, um internes Feedback bitten und gemeinsam die nächsten Schritte diskutieren.

Intensive, flexible Arbeitsvorgänge innerhalb eines Circles

Agile Praktiken: *Arbeit in überschaubarer Menge, radikale Transparenz, tägliche Stand-Up-Meetings, Kundenfeedback bei jedem Vorgang, rückblickende Bewertung („Retrospective")*

Jeder der drei Circles arbeitete nach eigenem Ermessen mit agilen Verfahren. Beispielsweise teilten wir in dem Circle, in dem es um die HR-Partner ging, die Entwicklung eines zweitägigen Experience Labs so in die 13 einzelnen Programmmodule auf, dass sie jeweils von 13 kleinen Teams aus 2 bis 3 Leuten parallel bearbeitet werden konnten.

Dadurch wurde die anspruchsvolle Aufgabe, ein interaktives Event zu entwickeln, bei dem es um unterschiedliche Kompetenzen ging und mehrere Fakultätsangehörige und Redner beteiligt waren, in überschaubare Einheiten zerlegt, die sich bewältigen ließen, ohne dass man ein Experte in der Entwicklung von Workshops sein musste. Wir hielten den Fortschritt von Tag zu Tag in einer Übersicht (Kanban-Board) fest, die für alle zugänglich war. So konnten wir Kurskorrekturen vornehmen und Teamangehörige dorthin schicken, wo sie am meisten gebraucht wurden.

Als Teil des ersten Experience Labs in Zürich bauten wir eine deutlich längere Sitzung für Kundenfeedback ein, bei der die Teilnehmer des Workshops gemeinsam mit uns brainstormen konnten, was verbessert werden sollte. Dieses Brainstorming diente als Input bei unserer rückblickenden Bewertung („Retrospective"), bei der es darum ging zu erörtern, was wir gelernt hatten und was in der Version 2.0 noch zu verändern war. Diese reiste dann rund um die Welt nach New York, Hongkong, Bratislava und schließlich wieder nach Zürich.

Die ganze Organisation aktivieren durch neue Führungsrichtlinien, Pulsbefragungen der Teams und weltweite Experience Labs für HR-Partner
Jeder der drei sich selbst organisierenden Circle (Führungskräfte, Teams, HR-Partner) war darauf ausgerichtet, einen Aktivierungsmechanismus zu entwickeln, der das angestrebte Führungsverhalten (mutig sein, sich schnell anpassen, eine gemeinsame Bewegung entstehen lassen) einführte und für ein aktives Engagement in der betreffenden Gruppe sorgte.

Activation focused on 3 key groups – all leaders, all teams, all HR partners with clear deliverables within 6 months

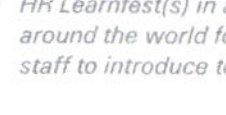

	Leaders	Teams	HR Partners
Activation Mechanism	• Embed new target leadership behaviors for **all 15000 employees** (Leadership-from-Every-Seat)	• Facilitate dialogue to drive more agility within **all 1000 teams**	• Experience Labs to upskill all **100 HR Partners** globally and start addressing actual team challenges
Minimum Viable Products (within 6 months)	• Definition and roll-out of new leadership imperatives that are applicable to all employees • Integration as "HOW" element of performance discussion	• Implementation of first employee pulse survey on Agility that measures the progress on the adoption of the new leadership behaviours (repeated in 6-month cycles) • Toolkit for how to run a pulse results session with a team	• Roll-out of 2-day Experience Labs in 5 locations bringing together HR Partners and Managing Directors, solving actual business challenges • Activation tool kit for HR Partners
Further deliverables (after 6 months from launch, driven by different circles and teams)	• Roll-out of continuous performance management (rating-less) • 2-day leadership development program for all Managing Directors ("Shaping culture for agility & change") • Pathfinder experience for 100 senior leaders with track record of successful change	• Feedback App allowing for giving and receiving immediate feedback • Peer recognition program Cheer4You in selected agile teams	• Follow up work to embed full agile organisational set ups in several teams following Experience Labs • HR Learnfest(s) in all locations around the world for all 420 HR staff to introduce topic of agility

Abbildung 50c: Zielgruppenfokus in der Aktivierung der HR Funktion, Swiss Re 2022

Für die Führungskräfte wurden neue Führungsrichtlinien formuliert und umgesetzt. Um dem Konzept der **Führung** auf allen Ebenen gerecht zu werden, gingen wir den logischen, aber für Swiss Re radikalen Schritt, nur eine Version der Führungsrichtlinien für alle 15.000 Angestellten zu entwickeln. Bis dahin gab es besondere Richtlinien für Führungskräfte mit Personalverantwortung und eine zweite Version für alle anderen Mitarbeiter. Diese Führungsrichtlinien sollten möglichst klar zum Ausdruck bringen, welche Verhaltensweisen die Mitarbeiter praktizieren sollten, gemäß dem einprägsamen Slogan „be courageous, adapt at speed and create joint movement" („Seid mutig, passt euch schnell an und lasst eine gemeinsame Bewegung entstehen"). Wir führten dann die neuen Richtlinien in einer Reihe von Meetings und Videokonferenzen weltweit ein. Um auf Dauer eine nachhaltige Wirkung zu erzielen, integrierten wir die neuen Führungsrichtlinien, genauer gesagt die Definition des Zielverhaltens, in die WIE-Dimension des Leistungsmanagements. Damit würde das entsprechende Verhalten in regelmäßigen Feedback-Gesprächen und zum Jahresende thematisiert werden, es wäre relevant für den Bonus und würde daher vermutlich als wichtig wahrgenommen werden, und es würde seinen Platz in der Alltagssprache von Angestellten und direkten Vorgesetzten finden.

Wir führten dann die neuen Richtlinien in einer Reihe von Meetings und Videokonferenzen weltweit ein.

Für die **Teams** führten wir ein Dialog-Format ein, das ein Teamgespräch über das agile Zielverhalten zur Folge haben würde. Dafür machten wir uns die bereits bestehende Plattform der jährlichen Mitarbeiterbefragung zunutze und wandelten sie in eine „Agility-Pulsbefragung" um. Wir formulierten verschiedene Fragen, um zu messen, in welchem Umfang das erwünschte Zielverhalten gezeigt wurde; jedes Team erhielt auf diese Weise seinen eigenen Agility-Index. Um alle rund 1.000 Teams zu aktivieren, stellten wir ein Toolkit bereit, mit dessen Hilfe jedes Team eine 2-stündige Agility-

Pulse-Nachbesprechung abhalten konnte. So wurde jedes Team in die Lage versetzt, die eigenen Ergebnisse zu besprechen und in einem Aktionsplan Maßnahmen zu erarbeiten, die das Team agiler machen würden. Wir führen die Agility-Pulsbefragungen seit Mitte 2018 regelmäßig alle sechs Monate durch. So erhalten die Teams immer wieder die Chance, ihren Fortschritt zu beurteilen und nachzusteuern. Für die **HR-Partner** entwickelten wir ein intensives, interaktives zweitägiges Event,

Abbildung 50d: Basierend auf Kincentric-Index, Swiss Re 2022

das wir „Experience Lab" nannten und das jeweils von 20 bis 25 HR-Partnern besucht wurde. Diesen Workshop führten wir an fünf Orten weltweit durch und erreichten so alle 100 HR-Partner. Das Ziel bestand darin, die HR-Partner in Bezug auf das Thema Agilität zu kompetenten Ansprechpartnern für die jeweiligen Führungskräfte und ihre Teams zu machen. Der Workshop beinhaltete eine Mischung aus Unterricht und interaktiven Modulen zu Inhalten, die für die HR-Partner besonders relevant waren: agile Führung, Organisationsdesign und agile HR-Praktiken. Als besonders wirkungsvoll erwies sich ein Modul am Nachmittag des zweiten Tages, bei dem die HR-Partner mit leitenden Führungskräfte zusammengebracht wurden. Die Führungskräfte wurden jeweils gebeten, ein reales Fallbeispiel aus ihrem Business mitzubringen und vorzustellen. Der Fall wurde dann jeweils in einer Fünfergruppe von den Teilnehmern bearbeitet, und zwar unter Anwendung agiler Techniken, die sie im Workshop erworben hatten. Auf diese Weise wurden über alle Standorte hinweg etwa 20 Fallstudien mit ganz unterschiedlichen Problemstellungen behandelt, wie zum Beispiel: Beschleunigung der Entwicklung von Kundenlösungen für ein bestimmtes globales Kundensegment, Effizienzsteigerung bei der Bearbeitung von Versicherungsansprüchen in einem regionalen Servicecenter, Neuaufstellung einer globalen Funktion im Bereich Finanzen im Zuge neuer Regulierungsbestimmungen.

Die Führungskräfte wurden jeweils gebeten, ein reales Fallbeispiel aus ihrem Business mitzubringen und vorzustellen.

Schließlich aktivierten wir durch die Arbeit des People Circle drei Gruppen (Führungskräfte, Teams, HR-Partner) und erreichten so praktisch alle 15.000 Mitarbeitenden – und das nicht nur mit einer allgemeinen Kommunikation, sondern jeden Einzelnen in der persönlichen Arbeitsplatzumgebung durch Teamdialogsitzungen und Gespräche mit dem Vorgesetzten.

Nach der anfänglichen Aktivierungsphase – die nach sechs Monaten abgeschlossen war – lösten wir den People Circle wie geplant auf und die operative Arbeit wurde von den jeweiligen Experten und den globalen HR-Partnern übernommen. Wie erfolgreich der gewählte Ansatz der Aktivierung wirklich war, zeigte sich daran, wie schnell es gelang, mit einem initialen Team von nur 8 Leuten bei einem nicht-trivialem Anliegen wie der Einführung einer neuen Führungskultur innerhalb von 6 Monaten konkrete Fortschritte bei 15 000 Mitarbeitern zu erreichen.

Unsere wichtigsten Erkenntnisse aus dieser Arbeit

Wir im People Circle haben in doppelter Hinsicht etwas gelernt: erstens im Hinblick auf die Aktivierung der Organisation hin zu einer neuen Führungskultur und zweitens im Hinblick auf unsere eigenen Erfahrungen mit der Anwendung agiler Praktiken.

Erste Erkenntnis: Den Ansatz der „Aktivierung" zu wählen ist wirkungsvoll, um den Kick-off der Veränderung auf breiter Front einzuleiten; danach sind weitere Maßnahmen notwendig

Die Herangehensweise der „Aktivierung" - im Unterschied zur Kampagne (siehe Unterscheidung der beiden Konzepte in diesem Playbook) - war aus unserer Sicht sinnvoll und erfolgreich. So viele Mitarbeitende so schnell wie möglich, fast zeitgleich anzusprechen – in unserem Fall die drei Gruppen der Führungskräfte, Teams und HR-Partner – hat im Unterschied zum Auslösen einer hierarchischen Kaskade von Meetings, Ebene für Ebene, sehr gut funktioniert (siehe auch weitere ➔ Aktivierungsmechanismen, die in diesem Playbook beschrieben werden). Nach unserer Einschätzung war es auf diese Weise möglich, in der breiten Masse der Angestellten schnell ein erhöhtes Bewusstsein dafür zu schaffen, dass eine Veränderung notwendig war und auch erste Verhaltensänderungen zu erzielen. Unsere Erfahrung bestätigte unsere Vorannahme: Wenn man Einfluss auf eine große, im Entstehen begriffene firmenweite Bewegung nehmen will, muss man schnell handeln und auf maximale Reichweite abzielen. Mehrere der Aktivierungsmechanismen, die zur Anwendung kamen, haben sich als sehr wirkungsvoll erwiesen: das Zielverhalten in das Leistungsmanagement zu integrieren; für den Dialog auf Teamebene zu sorgen (so konnten die Teams jeweils in ihrem unmittelbaren Kontext verstehen, was von ihnen erwartet wurde, und ihren eigenen Beitrag bestimmen); als Teil der Experience Labs gemeinsam zwischen HR-Partnern und Führungskräften konkrete Aktionspläne zu entwickeln.

Unsere regelmäßigen Agility-Pulsbefragungen haben uns ermöglicht, den Fortschritt zu messen.

Unsere regelmäßigen Agility-Pulsbefragungen haben uns ermöglicht, den Fortschritt zu messen und dazu beigetragen, Führungskräfte und ihre Teams „auf Trab zu halten". Führungskräfte, die anfänglich skeptisch waren, mussten erkennen, dass Agilität keine kurzlebige Modeerscheinung war, die sich einfach aussitzen ließ. Alle 6 Monate wurden sie erneut aufgefordert, den Fortschritt im Hinblick auf fünf spezifische agile Verhaltensweisen mit ihrem Team zu besprechen. Weiterhin war es sicher ein wichtiger Erfolgsfaktor, die Erwartungen an das Führungsverhalten klar zu definieren und diese in das Leistungsmanagement zu integrieren, aber um tief verwurzelte Verhaltensmuster zu überwinden und eine anhaltende Veränderung des Führungsverhaltens (Führung auf allen Ebenen) zu erreichen, bedurfte es weiterer Maßnahmen. Dazu wurden eine Reihe von passgenauen Leadership Development Interventionen entwickelt und unter der Führung des Head of Executive Leadership Development umgesetzt (siehe in der ➔ Literaturliste unter Schlüter).

Zweite Erkenntnis: Ein agiles Team einzurichten, um ein drängendes, komplexes Problem zu lösen (in unserem Fall: Wie können wir den Wandel in der Führungskultur anstoßen?) ist eine ausgezeichnete Gelegenheit, die agile Transformation in der HR-Funktion auf den Weg zu bringen

Indem wir uns im People Circle als einer der Vorreiter an die Spitze der Bewegung stellten, haben wir selbst viel über Agilität gelernt. So haben wir erfahren, dass Learning by Doing der richtige Weg ist, um das Thema Agilität zu durchdringen. Darin stimmen wir mit Darrell Rigby et al. (2020) überein, die feststellen: „Im Kern des agilen Ansatzes steht das agile Team. Wenn Sie nicht verstehen, wie ein agiles Team funktioniert, werden Sie Schwierigkeiten haben, die agile Arbeitsweise auf die Gesamtfirma zu übertragen."

Für den ambitionierten HR-Praktiker und Change Manager bedeutet das, er kann bei übergeordneten Themen wie agiler Führung oder agiler Organisation nur dann glaubwürdig auftreten, wenn er über Erfahrung mit agilen Praktiken aus der eigenen täglichen Praxis verfügt. So war es äußerst hilfreich, alle erwähnten Verfahren selbst bei der Arbeit im People Circle anzuwenden. Wir haben festgestellt, dass die meisten von uns viele dieser Methoden bereits kannten und nutzten. Aber durch die gleichzeitige und bewusste Anwendung aller Verfahren ist zwischen uns eine gemeinsame Sprache entstanden und die Erfahrung war umso wirkungsvoller.

Im Ergebnis können wir sagen: Es wäre äußerst schwierig gewesen zu erreichen, was wir erreicht haben, wenn wir in der üblichen Weise vorgegangen wären, jeder für sich in seinem Fachbereich; wenn wir nicht so viele verschiedene Kollegen aus den unterschiedlichsten Bereichen im People Circle zusammengebracht hätten, um mit einer größeren, gemeinsamen Vision als agiles Team vorzugehen. Basierend auf den guten Erfahrungen des People Circle richtet die HR-Funktion der Swiss Re heute standardmäßig agile Teams ein, besonders wenn es um komplexe, bereichsübergreifende Herausforderungen geht (siehe in der ➔ Literaturliste unter Snowden). Außerdem haben fast alle HR-Teams einige der agilen Methoden übernommen, etwa das Arbeiten in Sprints, die Verwendung von Kanban-Übersichten oder tägliche Stand-Up-Meetings und Retrospektiven. Und ein Teil der HR- Funktion ist sogar weitergegangen und hat sich für eine komplett agile Organisation entschieden.

Abschließende Einschätzung: Was haben wir erreicht und wo steht die Swiss Re beim Thema Agilität heute?

Drei Jahre nach dem Beginn der agilen Bewegung und der Gründung des People Circle ist eine vorsichtige Einschätzung dazu möglich, welche Resultate unsere Bemühungen gebracht haben und wo die Swiss Re heute bei dem Thema Agilität steht.

Zunächst kann man sagen, dass die Intervention funktioniert hat, soll heißen, wir können feststellen, dass die Organisation in der Wahrnehmung der Angestellten tatsächlich agiler geworden ist. Mithilfe unserer halbjährlichen Pulsbefragungen konnten wir messen, dass nach einem anfänglichen Absinken der Kurve in der Wahrnehmung der Mitarbeitenden die Übernahme agiler Verhaltensweisen erheblich zugenommen hat. Beispielsweise hat der Eindruck, dass „die Kollegen, mit denen ich regelmäßig zusammenarbeite, sich für das Treffen von Entscheidungen auf unterster Hierarchieebene einsetzen" um 22 Prozentpunkte zugenommen (November 20 gegenüber Mai 19). Und bei der Einschätzung, dass die Leute „andere dazu auffordern, die Initiative zu ergreifen und dafür zu sorgen, dass etwas passiert" gibt es einen Zuwachs von 10 Prozentpunkten (November 20 gegenüber Mai 19). Außerdem hat der sogenannte Agility Index (siehe auch Grafik ➔ Seite 297) von Mai 2018 bis November 2020 deutlich zugelegt. Er wird von einem externen Umfrageanbieter erstellt und misst bestimmte Ergebnisse agiler Vorgehensweisen wie das (gefühlte) Eingehen auf Kundenwünsche und die Geschwindigkeit, mit der Entscheidungen gefällt werden. Hier hat sich die Swiss Re von leicht unter dem Benchmark der Finanz- und Versicherungsbranche zu deutlich über den Benchmark liegend entwickelt.

Zum heutigen Zeitpunkt ist die Frage offen, ob der Ansatz der Swiss Re wirklich der beste war: die Transformation zu größerer Agilität als Bewegung zu beginnen und sich auf die Führungskultur als verbindendes Element zu konzentrieren – im Unterschied zu einer umfassenden agilen Top-Down-Transformation von Anfang an. Vielleicht hat die Entscheidung, den Fokus zunächst auf die Führungskultur zu legen, tatsächlich wie beabsichtigt dazu beigetragen, die Organisation auf eine spätere, vollständige Transformation vorzubereiten. Wir können jedenfalls sagen, dass zum jetzigen Zeitpunkt die agile Transformation in vollem Gange ist; die „Bewegung" hat mehr Struktur bekommen und mehr Top-Down-Lenkung.

Ein digitaler Wandel im großen Stil hat begonnen. Als Teil dieses Wandels wird der gesamte IT-Bereich mit seinen rund 2.000 internen Mitarbeitenden und weiteren 3.000 externen Mitarbeitenden neu aufgestellt, mit einem neuen Betriebsmodell und einer agilen Organisationsstruktur in Squads, Chapters und Product Areas. Vorgesehen ist, dieses Organisationsmodell auf weitere Bereiche im Konzern auszuweiten. Unterstützt werden diese Bemühungen durch ein zentral gesteuertes,

Ein digitaler Wandel im großen Stil hat begonnen.

firmenweites Fortbildungsprogramm, das darauf abzielt, Fähigkeiten sowohl in wichtigen technischen Bereichen zu verbessern als auch – das ist wichtig – in bereichsübergreifenden Kompetenzen wie agilen Arbeitstechniken, Datenanalyse & -auswertung sowie „Digital Adoption and Advocacy".

Man kann im Nachhinein wohl sagen, dass sich die begonnene Entwicklung hin zu einer agileren Führungskultur hinsichtlich der Reaktion auf die COVID-19-Pandemie als sehr nützlich erwiesen hat. Bereits 18 Monate vor Ausbruch der Pandemie hatte man sich für den agileren Ansatz (Führung auf allen Ebenen) entschieden und mit der Umsetzung begonnen.

Damit hatte man genau das, was man brauchte, als Anfang 2020 die Krise ausbrach und Menschen überall in der Organisation von einem Tag auf den anderen zu Hause arbeiten und „leadership from every seat" zeigen mussten. Außerdem kann man festhalten, dass wie bei vielen Unternehmen auch bei Swiss Re der digitale Wandel und die Entwicklung zu mehr Agilität wohl durch die COVID-19-Pandemie im weiteren Verlauf beschleunigt wurde.

Den meisten Menschen fällt es schwer, sich für Themen zu begeistern, die sie nicht verstehen. Strategie macht da keine Ausnahme.

Robert Wreschniok

Abbildung 51: Ausschnitt eines Big Pictures zur Wachstums- und Internationalisierungsstrategie einer Organisation, TATIN Institute 2022

AUSBLICK

Ausblick
Die Rolle von Führung in der Strategie-Aktivierung

Abbildung 52: Wer ist ein „Catalyst Leader" nach Ausschnitt aus School of Change Management, TATIN Institute 2022

Das Playbook Strategie-Aktivierung ist für Führungskräfte einer neuen Generation – einer Generation dessen, was Bill Joiner als „Catalyst Leader" beschreibt (vgl. hierzu v.a. Joiner & Josephs 2020 oder Hofert 2019). Was Joiner mit dem Catalyst (und den Stufen danach) zum Ausdruck bringt, ist die Rolle von Führungskräften als Coach, als Ermöglicher, als „Aus-dem-Weg-Geher" für Teams. Diese Rolle von Führungskräften wird nicht mehr hierarchisch gedacht (nicht einmal als Primus inter Pares), sondern vielmehr als Leadership-Aufgaben verteilt über das gesamte Team hinweg (von Entscheidungsfindung, Entwicklung der Teammitglieder, Fach- und Methodenwissen etc.). Der Catalyst ist demnach der Coach, der die anderen Teammitglieder in den Aufgaben des Leadership befähigt und man gemeinsam (nicht über eine einzelne Person) das Team führt.

Die Rolle des Catalyst nehmen in den meisten Organisationen nur einen Bruchteil der Führungskräfte ein. Und es ist auch gar nicht das Ziel, alle Führungsleute zu Coaches zu entwickeln – es braucht genauso die Experten oder „Acheiver". Gleichwohl ist entscheidend, dass es Führungskräfte gibt, die die Entscheidungsfindung „zurückgeben" in die Gruppe und vor allem dorthin, wo Entscheide getroffen werden sollten – nämlich dort, wo Spannungen auftreten. Um damit Teams dahinzuführen, eigenständig gute Entscheide treffen zu können.

Um die Rolle eines Catalyst einnehmen zu können, müssen Führungsleute sich erstens stark mit sich selbst auseinandersetzen (um zu erkennen und ehrlich zuzugeben was für ein Typ Leader sie sind) und zweitens sich ein Stück weit gegen vorherrschende Leadership-Kulturen stemmen. Die Arbeiten von Loevinger (vgl. Loevinger 1976) zeigen ähnlich wie Joiner eindrücklich auf, dass nur ein Bruchteil von Führungsleuten überhaupt eine gewisse persönliche Unabhängigkeit entwickelt. Denn dies ist nicht einfach: Wenn ich in einem Umfeld gross werde, wo „Kommandiere und führe aus" vorherrscht, und ich in dem Umfeld auch noch Karriere mache, dann bestätigt dies eine Art des Führens, die ich in ihren Grundfesten hinterfragen muss. Hinzu kommt, dass ich Status über verwaltetes Budget oder Summer der Menschen, die ich führe, ganz sicher nicht mehr bekomme. Im Gegenteil: Ich stehe als Führungskraft in den Diensten der Teams, welche die Themen eigenständig entwickeln, und bin damit teilweise kaum mehr offensichtlich wahrnehmbar.

Die Rolle von Führungskräften in der Strategie-Aktivierung ergibt sich genau aus diesen Überlegungen der Rolle des Coachs, des Möglichmachers. Wir haben dies in den Eingangskapiteln ausführlich beschrieben: Erfolgreich aktivierte Strategien unterliegen nicht einer Befehlskette und werden vom Board bis zur letzten Hierarchiestufe durchdekliniert. Im Gegenteil. Gute Strategien werden von allen verstanden und jeder Einzelne im Unternehmen trägt durch seine Arbeit zum grossen Ganzen bei (siehe hierzu v.a. ➔ Sozialdynamiken, die Strategieumsetzung verhindern). Teams haben voneinander gelernt und sich gegenseitig inspiriert, wie die Strategie erreicht werden kann. Führungskräfte sind demnach Moderatoren, Verknüpfer, Challenger oder Visionäre, die neues Denken anregen. Führungskräfte sind Moderatoren, Verknüpfer, Challenger oder Visionäre, die neues Denken anregen.

Was die Rolle von Führungskräften bewirken kann zeigt u.a. das Analyse- und Beratungsunternehmen Gallup, indem es die Gründe hinter starken den Zuwachsraten des Mitarbeiter-Engagements in US-amerikanischen Unternehmen untersucht hat (vgl. Harter 2020). Ihr Fazit: (1) Die Kulturentwicklung ist CEO- und Board-Sache. (2) Diese Unternehmen etablieren eine Kultur von Coaches, sie praktizieren (3) eine Kommunikation, die die gesamte Firma aktivieren, und (4) sie ziehen ihre Manager zur Verantwortung.

Führungskräfte sind Moderatoren, Verknüpfer, Challenger oder Visionäre, die neues Denken anregen.

Das Spannende daran ist: Um Themen in diesen Unternehmen nach vorn treiben zu können, braucht es nicht die hierarchische „Kraft“ einer Führungskraft. Vielmehr haben es diese Unternehmen geschafft, Zielerreichung von der Rolle der Führung zu entkoppeln – um so Teams und Einzelpersonen das Schaffen von Neuem zu ermöglichen.

1

Die Kulturentwicklung ist CEO- und Board-Sache.

2

Diese Unternehmen etablieren eine Kultur von Coaches, sie praktizieren ...

3

eine Kommunikation, die die gesamte Firma aktiviert, und ...

4

sie ziehen ihre Manager zur Verantwortung.

Abbildung 53: Was die Rolle von Führungskräften bewirken kann in vier Dimensionen nach Gallup 2020

Um Aktivierung zuzulassen, gilt es, als Führungskraft also ein Stück weit loszulassen (vgl. hierzu v.a. die Arbeiten von Laloux 2016). Führungskräfte werden zu einem „Aus-dem-Weg-Räumer" und gleichzeitig müssen sie Teams und Abteilungen positiv auf einen klar umrissenen Nordstern einschwören. In der agilen Welt spricht man von „alignierter Autonomie" – Mitarbeitenden aktiv zutrauen, sich mit Strategiethemen zu beschäftigen. Und Führungskräfte zu Möglichmachern werden lassen, zu Impulsgebern, zu Herausforderern oder zu Bereitstellern inhaltlicher Leitplanken.

Man kann sich dies wie Wellen vorstellen: Führungskräfte ziehen sich im Grunde aus der direktiven Arbeit zurück und stellen vielmehr einen inhaltlichen Kontext für Teams bereit. Funktionen wie HR, IT, Operations, Kommunikation, etc. bieten dann genau für diesen Kontext die Tools an, die notwendig sind, ihn mit Leben zu füllen (z.B. bestimmte Capabilities vonseiten HR). Mitarbeiter wählen aus diesen Tools dann eigenständig aus und nutzen sie, um die momentane Strategieepisode mit Leben zu füllen. Und dann beginnt es erneut: Aufgefrischter Kontext mit ggf. anderen Schwerpunkten oder Entwicklungen durch die Führungsmannschaft, aufgefrischte Tools durch die Support-Funktionen. Usf. Das Beispiel ➔ Microsoft: Die Relevanz einer neuen Ära mitgestalten – Microsofts strategischen Kern weltweit aktivieren in diesem Playbook zeigt dieses Zusammenspiel eindrücklich auf: Microsoft hat diese Wellen über viele Jahre immer und immer wieder etabliert.

Die Leadership-Leiter

Wenn du die Mitarbeitenden, die du führst, einmal reflektierst – auf welcher „Stufe" dieser Leiter würdest du sie einordnen? Kommen sie zu dir und sagen...

Stufe 1: „Sage mir, was ich tun soll"

Stufe 2: „Ich sehe hier ein Problem" oder „Was ich mich frage, ist..."

Stufe 3: „Ich denke, wir sollten..."

Stufe 4: „Ich würde gerne..."

Stufe 5: „Ich werde Folgendes..."

Stufe 6: „Ich habe ..."

Stufe 7: „Ich mache seit Langem..."

Die sieben Stufen sind erstens ein Indiz dafür, wie selbstständig dein Team Ideen und Themen in die Hand nimmt und diese treibt, ohne dich einzubeziehen (d.h. Stufe 6 und 7). Die Stufen sind zweitens auch ein Indiz dafür, wie stark du selbst loslassen kannst und deine Teams in die Lage versetzt, in Stufe 6 und 7 zu agieren.

Ausblick
Und, es geht weiter

Dieses Buch ist nicht am Ende. Das Playbook Strategie-Aktivierung ist gedacht als Handbuch, als Nachschlagewerk, als Spielanleitung, mit der man immer wieder neue Züge probieren kann und Themen weiterdenkt. Wer weiter gehen möchte, ist eingeladen, seine Gedanken, Ideen und Architekturen der Strategie-Aktivierung zu teilen und sich auszutauschen.

Als erste Anlaufstelle ist dafür das Portal www.strategy-activation.com, auf dem es den Canvas zum Download und die Möglichkeit zur Vernetzung gibt. Du suchst nach Inspiration, wie Teams, Funktionen oder ganze Unternehmen aktiviert werden können? Hier findest du ein paar Ideen für Werkzeuge, Vorlagen u.v.m., die dir den Einstieg in die kollaborativen Formate erleichtern sollen.

Ausblick

Digitale Tools und Plattformen für die Strategie-Aktivierung

Im Playbook verweisen wir immer wieder auf Online-Tools, die vor allem das Gestalten von Dialogen in Grosskonzernen unterstützen und erleichtern. Die für uns wichtigsten haben wir hier für dich zusammengestellt.

Virtuelle „Tafeln"

www.miro.com Umfassendes virtuelles Whiteboard, auf dem sich virtuelle Klebezettel beliebig platzieren lassen. Mit zahlreichen Funktionen, das Board systematisch zu gestalten und vor allem auszuwerten (z.B. über das Abstimmen über die virtuellen Klebezettel). Insbesondere für komplexe Workshops oder Veranstaltungen mit vielen Teilnehmern geeignet.

www.klaxoon.com Ähnlich wie Miro, in der Handhabung nicht ganz so intuitiv. Klaxoon hält neben der Whiteboard-Funktion Möglichkeiten der Gamification bereit und ist daher insbesondere für interaktive Lernformate geeignet.

www.ideaboardz.com Wenn's mal schnell gehen muss: Einfaches und pragmatisches Tool, um schnell Ideen zu erfassen und bewerten zu lassen. Viel mehr kann Ideaboardz nicht, aber das macht es für manche Situationen so passend.

Virtuelle Treffpunkte

www.wonder.me Virtueller Raum, bei dem Teilnehmer über Avatare und Sprechblasen miteinander kommunizieren. Nähert man sich virtuell einer Gesprächsgruppe, so kann man an der Konversation aktiv teilnehmen. Geeignet für Breakouts, zum Kennenlernen in grossen Gruppen, zum Austauschen über präsentierte Ideen.

www.remo.co/guided-tours ist eine potenzielle Alternative zu wonder.me. Remo ist eine All-in-One-Plattform mit Broadcast-Funktionen, wo man live virtuelle Veranstaltungen organisieren kann. Sie bieten einen Netzwerkraum und Face-to-Face-Engagement in Echtzeit.

Virtuelle Zusammenarbeit

Was globale Konzerne seit vielen Jahren längst vormachen, hat sich spätestens seit der Pandemie der 2020er-Jahre in vielen Unternehmen etablieren müssen: Die Zusammenarbeit in virtuellen Umgebungen. Was anfänglich eine Bürde war, offenbart sich vielerorts als Chance, unkompliziert und direkt miteinander interagieren zu können – über Standorte oder Landesgrenzen hinweg. Hier einige Ideen, sich mit diesen Setups eingehender auseinanderzusetzen:

Hales & Grenny (2020) How to get people actually participate in virtual meetings. Harvard Business Review. Online: https://hbr-org.cdn.ampproject.org/c/s/hbr.org/amp/2020/03/how-to-get-people-to-actually-participate-in-virtual-meetings

biz30.timedoctor.com/virtual-team-building Gute Zusammenstellung zum Thema Team-Building während virtueller Offsites, wenn sich neue Teams formen, u.a.

Live Sichtbarmachen von Zahlen & Daten

www.mentimeter.com Um Einzelmeinungen bei grösseren Veranstaltungen zu vermeiden, bieten Tools wie Mentimeter die Möglichkeit, schnell alle Teilnehmenden nach ihrer Meinung zu fragen – die Ergebnisse werden dann live gezeigt. Ob quantitative oder qualitative Auswertungen und sogar das Einordnen in Matrizen, die Möglichkeiten sind gut geeignet, grössere Gruppen zu engagieren und mit den Ergebnissen einen Dialog zu führen.

www.ahaslides.com Beispiel für eine der zahlreichen Alternativen zu Mentimeter. In der Funktionsweise ähnlich und komfortabel zu bedienen.

Gesamtlösungen für Townhalls oder virtuelle Messen

www.pigeonhole.at Umfassende und durchdachte Lösung, um grosse Townhalls interaktiv zu managen. Vom Bereitstellen einer Agenda, Abstimmungsfunktionen (à la Mentimeter), Präsentationsmodi oder Q&A – Pigeonhole ermöglicht sowohl den Teilnehmern wie auch den Administratoren ein starkes Tool, klassische Townhalls interaktiv und geführt zu gestalten.

www.slido.com Ähnlich wie Pigeonhole, von der Funktionsweise etwas einfacher und nicht so komplex. Jedoch für das Management von Townhalls (insbesondere Q&A) gut geeignet.

www.expo-ip.com Mit expo-IP lassen sich virtuelle Messesituationen erstellen, z.B. für virtuelle Marktplätze. Man erhält Unterstützung bei Planung, Organisation und Implementierung. Das Tool bietet viele Zusatzfunktionen, wie bspw. digitale Schnitzeljagd, Gamification, Matchmaking, Streaming, Feedback, Trainingspunkte, Live-

Video-Chat, 3D-Animation, Terminvereinbarung, Whiteboards an, um die Interaktion und Funktionen zu erweitern.

Neben diesen vorgestellten gibt es unzählige weitere – der Blick in die Welt der Online-Tools lohnt sich, die Möglichkeiten und Anwendungsbereiche haben sich in den letzten Jahren enorm entwickelt und man kann Live-Veranstaltungen damit zwar nicht ersetzen, aber ganz sicher kompensieren.

Acceleration Plattformen

www.humu.com Unter dem Motto „Connect your teams to drive meaningful impact entwickelte der ehemalige HR Leiter von google eine Acceleration Plattform mit sogenannten Working-Nudges die Impulse für Führungskräft geben.

www.day7.io Die Acceleration Plattformen von DAY7 hat eine Antwort auf eine scheinbar einfache Frage gefunden: Wie nehmen wir die Menschen mit auf die Reise? Wie gelingt es Strategie und Transformation so zu vermitteln, dass alle verstehen wohin die Reise geht und sich persönlich für die gemeinsamen neuen Ziele einbringen? DAY7 gibt eine Antwort, indem es ganz grundsätzlich anerkennt, dass es verschieden Typen von Menschen in jedem Unternehmen gibt: Diejenigen, die den Bedarf für das „Neue“ sehen und auch begrüßen, diejenigen, die im Prinzip bereit sind, aber jede Menge Fragen haben und diejenigen, die dagegen sind. Der DAY7 Ansatz holt alle drei ab, indem die Plattform die strategische Herausforderung in einen größeren Kontext setzt und eine Beteiligung aus verschiedenen Perspektiven ermöglicht.

Weitere

www.kahoot.com Interaktives Lern- und Spiele-Tool, was sich insbesondere für den Einsatz von Spielen auf Grossveranstaltungen anbietet.

www.oncoo.de Ein Tool, das eigentlich für die Schule gedacht ist und z.B. für Mind-Matching geeignet ist (inkl. zufälliger Gruppenzuteilung und Timing oder für Umfragen mithilfe der Evaluationszielscheibe).

Ausblick
Autorenprofile

Adrian Bucher (Kantonalbank Baselland) leitet seit September 2020 den Bereich Personal & Organisationentwicklung der BLKB in Liestal. Zuvor war der Arbeitspsychologe und Betriebswirt über 15 Jahre in verschiedenen HR-Funktionen bei Swisscom, zuletzt verantwortete er das HR-Geschäft für den Privatkundenbereich der Swisscom. Adi Bucher war einer der agilen Pioniere bei Swisscom, hat von 2016 bis 2018 als Verantwortlicher für die Themen Leadership, Transformation & Collaboration mit Holacracy als Betriebssystem gearbeitet und begleitete mehrere Jahre die Konzernleitung in der Business-Transformation. Er setzt sich für New Work-Themen ebenso wie für eine stärkere Purpose-Orientierung ein. Aus seiner Sicht ist die einzige Konstante in unserem Leben der stetige Wandel.

Jean-Philippe Courtois (Microsoft) As executive vice president and president, Global Sales, Marketing & Operations, Jean-Philippe Courtois leads Microsoft's commercial business across 124 subsidiaries worldwide. From Cloud services to AI and mixed reality, Courtois is responsible for driving strategic planning, growth initiatives, national digital transformation partnerships and running Microsoft global commercial business. Courtois is passionate about enabling businesses to digitally transform with the right strategy, skills and technology to ignite new innovation, new ways of working, new business models and new revenue streams. He helps build vibrant ecosystems with small businesses, start-ups, public sector entities, partners all the way to global industry leaders. Previously, Courtois served as president of Microsoft International where he led sales, marketing and services across all Microsoft subsidiaries outside of the United States and Canada. Before that he held the same role for the EMEA region (Europe, Middle East and Africa) as CEO and president of Microsoft EMEA, and was corporate vice president of Worldwide Customer Marketing, based out of Microsoft's worldwide headquarters in Redmond, Washington.

Courtois joined Microsoft in 1984. His first role was as a partner sales representative and, after holding several leadership positions, he was promoted to general manager for Microsoft France in 1994. Courtois holds a Diplôme des Etudes Commerciales Supérieures (DECS) from the Ecole Supérieure de Commerce de Nice (SKEMA).

Outside of Microsoft, Courtois is chairman of the board of directors for SKEMA Business School, as well as a board member of Positive Planet, a worldwide leading NGO with a mission to help men and women across the world create the conditions for a better life for future generations. Courtois is also on the board of directors of ManpowerGroup, the global workforce solutions organization. He has served as co-chairman of the World Economic Forum's Global Digital Divide Initiative Task Force, on the European Commission Information and Communication Technology task force and previously sat on the board of directors for AstraZeneca. In 2015, he co-founded the Live for Good foundation, which aims to unlock the potential of young people from all walks of life through social entrepreneurship, driving societal innovation through a purpose led community.

Barbara Kellermann (Harvard Kennedy School) is the James MacGregor Burns Lecturer in Public Leadership at the Harvard Kennedy School. She is the Founding Executive Director of the School's Center for Public Leadership. Her book „The End of Leadership" was long listed by the Financial Times as among the Best Business Books and selected by Choice as "essential" reading. Barbara Kellerman speaks to audiences all over the world. She has served on many different boards and was ranked by Forbes.com as among "Top 50 Business Thinkers" and by Leadership Excellence in top 15 of "thought leaders in management and leadership".

Beat Knechtli (Baloise) ist Schweizer und studierte an der Universität Basel Volks- und Betriebswirtschaft. Nach beruflichen Stationen bei der F. Hoffmann-La Roche, der ABB und PwC gründete er 2013 sein eigenes Unternehmen und arbeitet parallel dazu seit 2013 als Organisationsentwickler bei der Baloise Group. Sein Fokus liegt dabei auf der Entwicklung und Umsetzung individueller und kollektiver Veränderungen aller Art. Als drittes Standbein ist er an diversen Hochschulen und Fachhochschulen in der Schweiz als Dozent tätig. Aus dieser Verbindung von Praxis und Theorie entstehen seit über 30 Jahren seine Ideen und Change-Ansätze.

Frank Meyer (E.ON) is CEO at E.ON Italy and former Senior Vice President B2C and E-Mobility Global and Chief Innovation Officer at E.ON SE. Before leading E.ON Italy, he was globally responsible for setting up and accelerating E.ONs innovation and new growth areas such as PV and storage, eMobility, energy management solutions and heat solutions. He recently was selected as one of the Handelsblatt top 100 Innovators of Germany. In 2012, Dr Meyer joined Vodafone Germany as Director Strategy and New Business Development, where he was responsible for Corporate Strategy, Innovation, New Business Development and Strategic Programme Management. Among other things, he acted as strategic lead for the Kabel Deutschland acquisition (€10,7bn acquisition volume).

The early part of his career he spent from 2006 to 2012 at The Boston Consulting Group. Dr Meyer holds a PhD in Physics from the Max Planck Institute. He studied Physics and Mathematics at RWTH Aachen, Université Paris Sud, Imperial College London and Ludwig-Maximilians University. Frank is truly international and speaks 7 languages.

Sabine Pundsack (NORD/LB) ist seit über 20 Jahren in der NORD/LB in unterschiedlichen Funktionen tätig. Sie hat unter anderem diverse Konzernprojekte/-programme zu unterschiedlichsten Themenbereichen wie z. B. Kostenoptimierung, Nachhaltigkeit, IT-Großprojekte verantwortet und sich als erfolgreiche Turnaround-Managerin einen Namen in der NORD/LB gemacht. Seit 2019 treibt sie unter dem Motto #zukunftschaffen den systematischen Kulturwandel in der Bank zur Aktivierung der NORD/LB 2024 Strategie voran. Als Leiterin der Abteilung HR Controlling & Operations verantwortet Sie darüber hinaus u. a. das konzernweite HR Digitalisierungsprojekt SAFiR (Einführung von SAP SF) und das Outsourcing-Projekt der Betrieblichen Altersvorsorge.

Oliver Stein (Swisscom) beschäftigt sich seit mehr als 25 Jahren mit der Verbindung von digitaler Transformation und Customer Experience. Nachdem er den Deutschen Wetterdienst ins Internet gebracht hat, lancierte er Rhein-Main.Net bei der Frankfurter Allgemeinen Zeitung. Bei der Swisscom seit 1999 in strategischen und operativen Rollen und Aufgaben für die Customer Experience verantwortlich. Immer fokussiert auf den Menschen, nutzt er technische Innovationen, um neue begeisternde Erlebnisse zu schaffen.

Ulrich Tennie (Swiss Re) joined the Swiss Re Group as Global Head Organisation Development in 2018 at the firm's headquarter in Zurich. He has been a driving force in the company's agile transformation, specifically leading on the topics of cultural change, capability building and employee experience. He also supported the turnaround and transformation of the Corporate Solutions business unit. Prior to Swiss Re Ulrich worked for 12 years for global healthcare company Novartis where he held Human Resources leadership positions at global, regional and country levels.

Ulrich has a background in strategy and HR consulting with Monitor Deloitte and Towers Perrin (now Willis Towers Watson) respectively, having been based in the firms' Frankfurt, London and New York offices. He holds a Bachelors degree in Business Management from ESB Business School (Reutlingen/London) and a Masters degree in Industrial Relations from London School of Economics.

Dr. Ansgar Thießen (Swiss Re) ist Mitglied des Operations Management Committee bei Swiss Re Corporate Solutions und dort Gründungmitglied der so genannten Strategy Activation Group. Davor war er viele Jahre in Führungspositionen in Change- und Managementberatungen. Seit über einem Jahrzehnt ist er Vordenker in der Frage, wie Organisationen ihren Strategien Akzeptanz und Durchsetzungskraft verleihen. Thießen ist heute regelmässiger Gastredner und Autor zu dem Thema u.a. an internationalen Business Schools wie der CBS Copenhagen oder IMD Lausanne.

Tony White (Allianz) is former Global Head of Allianz University (AllianzU) a position he has held since July 2017. He joined Allianz SE in November 2016 as the Head of the Group People Development team prior to the appointment into his current role. He is responsible for the implementation and setup of the new Allianz University (AllianzU) to support the Global learning and Leadership development programs and systems. Prior to joining the Allianz SE he worked for Allianz Global Investors as the Head of L&D and Talent management for Europe which he joined from Coca Cola Enterprises. In this role he was responsible for the implementation of a Learning Management System, introducing new and innovative approaches to learning for the business and developing the social recruitment aspect of the talent management process. Latterly he performed the role of the Head of Talent management (globally), which involved leading the annual talent management process, graduate recruitment, Annual Engagement Survey, and the AllianzGI end of year people processes. He holds a Diploma in Electronic Engineering and is a graduate of Sheffield University, where he received his Master's Degree in Education, Training and Development. Tony is also a Fellow of the Irish Institute of Training and Development (FIITD).

Kaja Wilkniß (HCOB) leitet die HR Strategy in der Hamburg Commercial Bank (HCOB) und begleitet die Transformation der Bank nach dem Eigentümerwechsel von Beginn an als Verantwortliche des Workstreams „Change", den sie gemeisnam mit ihrem Team initiert hat. 15 Jahre Erfahrung im krisengeschüttelten Bankenumfeld haben sie geprägt. Sie hat bereits viele Funktionen im Bereich der Personalentwicklung, HR Management und HR Strategie inne gehabt. Sie steht für die neue Generation Führung und beschreibt sich selbst als fordernd und unbequem und gleichzeitig als absolute Teamplayerin auf Augenhöhe mit dem Blick für den Menschen, ohne Humor und Spaß aus dem Auge zu verlieren.

Robert Wreschniok (TATIN) ist CEO des TATIN Institute for Strategy Activation mit Sitz in München, Basel, Hongkong und Zürich. Er begleitet seit über 20 Jahren Organisationen bei der Strategie-Aktivierung und der Beschleunigung von Transformationsprozessen. Er ist Vorstand des Clusters für Innovation und digitale Transformation (CIDT) und seit 2015 Mitglied im Design Strategy Board, Basel. Robert Wreschniok ist gefragter Speaker und Autor zahlreicher Publikationen u.a. „Strategie-Aktivierung: Wie abstrakte Konzepte wirksam werden" (2019), „Der ganz normale Change Wahnsinn" (2016), „Reputation Capital: Building and Maintaining Trust in the 21st Century" (2009) oder „Strategisches Management von Mergers & Acquisitions" (2006).

Ausblick

Im Playbook verwendete Studien und Literatur

- Anand, Bharat N. & Barsoux, Jean-Louis (2017): What everyone gets wrong about change management. Harvard Business Review November-December. Online unter https://hbr.org/2017/11/what-everyone-gets-wrong-about-change-management
- Bradley, Chris; Hirt, Martin & Smit, Sven (2018): Strategy beyond the hockey stick. People, probabilities and big moves to beat the odds. Wiley
- Buckingham, Marcus & Goodall, Ashley: Nine lies about work. A Freethinking Leaders Guide to the Real World. Ingram Publisher Services
- Covey, Steve (1989): The seven habits of highly effective people. Simon & Schuster
- Choudhury, Prithwiraj (2020): Our work-from-anywhere future. Online unter: https://hbr.org/2020/11/our-work-from-anywhere-future
- Clifford, Catherine (2020): Jeff Bezos to exec after product totally flopped: ‚You can't, for one minute, feel bad'. Online unter https://www.cnbc.com/2020/05/22/jeff-bezos-why-you-cant-feel-bad-about-failure.html
- Dignan, Aaron (2019): Brave New Work – Are You Ready to Reinvent Your Organization? Portfolio Penguin.
- Eppler, Martin & Kernbach, Sebastian (2018): Meet Up! Einfach bessere Besprechungen durch Nudging. Ein Impulsbuch für Leiter, Moderatoren und Teilnehmer von Sitzungen. Schäffer-Poeschel
- Ewenstein, Boris, Smith, Wesley, & Sologar, Ashvin (2015): Changing change management. McKinsey Digital. Online unter: https://www.mckinsey.com/featured-insights/leadership/changing-change-management
- Fischer, Isolde & Wetzel, Ralf (2015): Die Macht der Improvisation. Zeitschrift für Organisationsentwicklung, Heft 4
- Gioia, Stephanie (2016): Nine pitfalls of strategy activation. Online unter: https://xplane.com/nine-pitfalls-of-strategy-activation/

- Glaveski, Stefe (2020): The five levels of remote work – and why you're probably at level 2. Online unter: https://medium.com/swlh/the-five-levels-of-remote-work-and-why-youre-probably-at-level-2-ccaf05a25b9c
- Harter, Jim (2020): 4 factors driving record-high employee engagement in U.S. Online unter https://www.gallup.com/workplace/284180/factors-driving-record-high-employee-engagement.aspx
- Heath, Chip & Heath, Dan (2017): The power of movements. Why certain experiences have extraordinary impact. Simon & Schuster
- Hofert, Svenja (2019): 5 Levels of leadership agility – und warum das nächste Level eine Krise braucht. Online unter: https://teamworks-gmbh.de/5-levels-of-leadership-agility-und-warum-das-naechste-level-eine-krise-braucht/
- Joiner, William B. & Josephs, Stephen A. (2006): Leadership Agility. Five levels of mastery for anticipating and initiating change. Wiley.
- Kahnemann, Daniel (2012): Thinking fast and slow. Penguin
- Kellerman, Barbara (2016): Leadership–It's a System, Not a Person! Daedalus. Vol. 145, Issue 3, Pages 83-94. MIT Press Journals
- Kellerman, Barbara (2012): The End of Leadership. HarperCollins
- Kellerman, Barbara (2008): Followership: How Followers are Creating Change and Changing Leaders. Harvard Business School Press
- Kim, W. Chan & Mauborgne, Renée (2005): Blue ocean strategy. How to create uncontested market space and make the competition irrelevant. Harvard Business School Press
- Kotter, John P. (2007): Leading Change: Why Transformation Efforts Fail. Harvard Business Review. Online unter: https://hbr.org/2007/01/leading-change-why-transformation-efforts-fail

- Kotter, John P. (2018): The 8-step Process for Leading Change. Online unter: https://www.kotterinc.com/8-steps-process-for-leading-change/
- Laloux, Frederic (2016): Reinventing Organisations. Ein illustrierter Leitfaden sinnstiftender Formen der Zusammenarbeit. Vahlen
- Largo, Remo (2017): Das passende Leben. Fischer Taschenbuch.
- Lewin, Kurt (1947): Frontiers in group dynamics. Concept, method and reality in social science. Social equilibria and social change. In: Human Relations. Bd. 1, Nr. 1
- Loevinger, Jane (1976): Ego development. Conceptions and theories. Jossey-Bass, San Francisco
- Marquet, David (2013): Greatness. Online unter https://www.youtube.com/watch?v=OqmdLcyES_Q
- Mohr, Niko., Woehe, Jens & Diebold, Marcus (1998): Widerstand erfolgreich managen. Professionelle Kommunikation in Veränderungsprojekten. Frankfurt/Main: Campus Verlag
- Osterwalder, Alexander & Pigneur, Yves (2011). Business Model Generation. Ein Handbuch für Visionäre, Spielveränderer und Herausforderer. Campus
- O.V. (2021): Statista Research (2021): Size of the global consulting market from 2011 to 2020. Online unter: https://www.statista.com/statistics/466460/global-management-consulting-market-size-by-sector/
- o.V. (2019) Strategy Activation. Accelerate strategy execution and harness the collective ingenuity of teams. Online unter: http://ey-box.com/wp-content/uploads/2019/12/2-Activating-new-strategies.pdf
- o.V. (2019): EyBox - Strategy Activation Accelerate strategy execution and harness the collective ingenuity of teams. Online unter: http://ey-box.com/wp-content/uploads/2019/12/2-Activating-new-strategies.pdf

- o.V. (2018): School for Change Agents – The Change Agent of the Future. Online unter: https://www.slideshare.net/HorizonsCIC/school-for-change-agents-2018-the-change-agent-of-the-future
- o.V. (2018): Marktstudie Bundesverband Deutscher Unternehmensberater BDU e.V. – Fact & Figures zum Beratermarkt 2018. Online unter: https://www.bdu.de/newsletter/ausgabe-22018/facts-figures-zum-beratermarkt-consultants-weiter-im-hoehenflug/
- o.V. (2017): State of the global workplace. Online unter https://www.gallup.com/workplace/238079/state-global-workplace-2017.aspx
- o.V. (2015) Hays, HR-Report 2015/2016. Online unter: HR Report 2021 - New Work | Hays
- o.V. (o.J.): Consulting Industry Global. Online unter: https://www.consultancy.org/consulting-industry/global
- o.V. (o.J.): Organisational Culture: Beyond Employee Engagement – White-paper. Online unter: https://www.human-synergistics.com.au/docs/default-source/default-document-library/organisational-culture---beyond-employee-engagement
- Repucci, Sarah (o.J.): A leaderless struggle for democracy. Online unter: https://freedomhouse.org/report/freedom-world/2020/leaderless-struggle-democracy
- Sachs, Jonah (2012): Winning the Story Wars. Why those who tell – and live – the best stories will rule the future. Harvard Business Review Press
- Scharmer, Otti & Kaufer, Katrin (2013): Leading from the emerging future. From ego-system to eco-system economies. Berrett-Koehler Publishers
- Schultz, Howard (2011): Onward. How Starbucks fought for its life without losing its soul. Wiley.

- Sull, Donald, Sull, Charles & Yoder, James (2018): No One Knows Your Strategy – Not Even Your Top Leaders. Online unter: https://sloanreview.mit.edu/article/no-one-knows-your-strategy-not-even-your-top-leaders/
- Tan, Chade-Meng (2012): Seach inside yourself. Chade-Meng Tan talks at Google. Online unter https://www.youtube.com/watch?v=r8fcqrNO7so
- Techt, Uwe (2010): Goldratt und die Theory of Constraints: Der Quantensprung im Management
- Thesmann, Stephan (2016): Menschliche Informationsverarbeitung. Springer Fachmedien.
- Thiessen, Ansgar & Wreschniok, Robert: Strategie-Aktivierung. Wie abstrakte Konzepte wirksam werden. Zeitschrift für Organisationsentwicklung. Nr. 3/2019 (S. 63 – 68).
- Velazco, Chris (2018): Amazon's flop phone made newer, better hardware possible. Online unter https://www.engadget.com/2018-01-13-amazon-s-flop-of-a-phone-made-newer-better-hardware-possible.html
- Wilson, Marianne (2020): Challenger, Gray & Christmas. CEO turnover in 2019 was 'staggering'. Chain Store Age. Online unter: https://chainstoreage.com/challenger-gray-christmas-ceo-turnover-2019-was-staggering
- Zook, Chris & Allen, James (2010): Profit from the core. A return to growth in turbulent times. Harvard Business Review Press.

Fußnoten

1. Die Herleitung wurde erstmalig veröffentlicht in der Zeitschrift für Organisationsentwicklung Nr. 3 2019: „Strategie-Aktivierung. Wie abstrakte Konzepte wirksam werden".

2. Quantitative Auswertung von 2.393 Unternehmen aus dem Datensatz der McKinsey Corporate Performance Analytics. Daten untersucht über einen Zeitraum von 5 Jahren (2000-4; 2005-9; 2010-14). Datensatz beinhaltet 59 Branchen aus 62 Ländern.

3. Im Jahr 2015/2016 haben 532 Entscheider, davon 49 Prozent aus Deutschland, 20 Prozent aus Österreich und 32 Prozent aus der Schweiz, an der Online-Umfrage zum HR-Report teilgenommen.

4. Basierend auf Daten von 4.012 Studienteilnehmern aus 124 Unternehmen, mit vergleichsweise hohen Antwortraten auf allen untersuchten Hierarchiestufen. Die Daten wurden erhoben zwischen 2012 und 2017.

5. Dieser Text wurde erstmalig veröffentlicht in der Zeitschrift für Organisationsentwicklung Nr. 3, 2019: „Strategie-Aktivierung. Wie abstrakte Konzepte wirksam werden".

6. Dieser Text wurde erstmalig veröffentlicht in der Zeitschrift für Organisationsentwicklung Nr. 3, 2019: „Strategie-Aktivierung. Wie abstrakte Konzepte wirksam werden".

Referenzen Swiss Re

- Aghina W., Handscomb C., Salo O, Thaker S. (2021), „ The Impact of Agility: How to Shape Your Organization to Compete“, McKinsey Quarterly

- Behrens P. (2018), Agile Leadership, Handbook used to support executive leadership training at Swiss Re in November 2018, ScrumAlliance

- Brosseau D., Ebrahim S., Handscomb C., Thaker S. (2019), „The journey to an agile organization“, McKinsey Quarterly

- Denning S. (2018), The Age of Agile, American Management Association

- Rigby D., Elk S. and Berez S. (2020), Doing Agile Right, Harvard Business Review Press

- Schlüter J. (2020), „Leadership from Every Seat“, Swiss Re case study in Shaping the Future of Transformational Learning edited by Roland Deiser, ECLF Press

- Snowden D.J. and Boone M.E. (2007), „A leader's framework for decision making“, Harvard Business Review

Impressum

ISBN Print: 978 3 8006 6555 6
ISBN E-Book: 978 3 8006 6556 3

Satz: Julia Schneider Grafik, 57076 Siegen

Druck und Bindung:
Westermann Druck Zwickau GmbH
Crimmitschauer Straße 43, 08058 Zwickau

vahlen.de/nachhaltig
www.vahlen.de

gedruckt auf säurefreiem, alterungsbeständigem Papier
(hergestellt aus chlorfrei gebleichtem Zellstoff)